서 문

　건축기초 설계에 관심을 가지고 연구한 지 벌써 몇 년이 흘렀습니다. 인천 송도의 대학교 건물에 대한 내진기초 설계를 접하게 되면서 건축물 기초 설계에 왜 내진설계를 수행하지 않는가에 대한 의문이 들었고, 그것이 이 책을 쓰게 된 계기가 되었습니다.

　기존의 건축구조 분야는 지반에 대해서는 깊이 고민하지 않고 건축물 자체에 관심을 집중하고 있었습니다. 또한, 지반분야 전문가는 건축에서 필요로 하는 부분을 토목구조물 기초에 대한 방법으로 접근하여 상호 간에 입장의 차이가 있었습니다. 두 분야간의 이러한 간극을 해결하는 것이 중요하다고 판단되어 굳이 이 책을 집필하게 되었습니다.

　최근 건축구조설계 기준이 변경된 것도 건축기초 설계 매뉴얼의 출간에 한몫 했습니다. 변경 기준에 의하면 건축기초의 내진설계가 필수인데 현실적으로 이것을 실행하기가 쉽지 않다는 것을 알았고, 건축구조 전문가 입장에서 간단하게 적용할 수 있는 매뉴얼이 필요하다는 것을 느꼈던 것입니다.

　책의 구성은 건축구조 기준에서 기초와 내진에 관련된 법규와 KDS코드를 설명하고, 기준을 보고 계산하기 어려운 것들은 예들을 제시하여 실제로 설계에 적용할 수 있도록 했습니다. 1장은 법규와 설계기준, 지진 시 기초부실로 인한 피해사례를 다루었고, 2장은 건축에 적용될 수 있는 기초공법들을 소개하였으며, 3장은 건축물 기초 설계법을 구체적으로 설명하였습니다. 4장은 직접기초 설계, 5장은 말뚝기초 설계를 다루었으며, 6장은 지진에 유리한 삼축내진말뚝 기초를 기술하였습니다. 7장은 말뚝전면복합기초(말뚝기초+직접기초)의 설계기준, 8장은 소구경 말뚝 공법에 대한 설계를 다루었으며, 마지막 9장에서는 지반과 구조물 상호 작용에 대한 상수를 기술하였습니다.

　모쪼록, 소규모 건물에서 대규모 건물까지 내진 대책에 골몰하고 있는 전문가, 현장관계자, 건축주 및 일반인들에게 본 매뉴얼이 도움이 되어 국민의 안전 생활에 기여할 수 있기를 간절히 소망하며, 책의 집필에 도움을 주신 창원대학교 이강주 교수님과 정림건축의 지남규 본부장님께 다시 한 번 감사드립니다.

2021.02
에스와이텍 연구소장
공학박사 안성율

 ## 감수자의 말

 지하공간과 인연을 맺은 지 어언 30년이 되었다. 그동안 지하공간의 활용, 법제도의 문제 및 해결 방안, 지하공간의 환경행태 이슈 및 디자인 전략 등 건축계획 분야를 연구해 왔다. 그런데 10년 전부터 학회(한국터널지하공간학회)를 통해 교류해 온 안성율 박사가 삼축내진말뚝 기술에 대한 특허를 받고 이와 관련된 연구로 한국건설기술연구원 원장상을 수상하는 것을 함께 하며 이 기술이 시대적으로 큰 의미를 갖는다고 확신하게 되었다. 그동안 지반과 기초를 다소 가볍게 여기는 오래된 관습으로 하여 많은 어려움을 접한 건축실무자들에게 기쁜 소식이 아닐 수가 없을 것이다. "건축기초 내진설계 매뉴얼"은 이제 첫 발걸음을 뗐다. 앞으로도 지속적인 연구와 실무에서의 적용을 통해 더욱 정교하게 다듬어 나가야 할 것이다.

2021.02
창원대학교 건축학부 교수
공학박사 이강주

목 차

제 1 장 건축물 관련법과 기초구조기준

1.1 내진 기초구조기준 개요 ·· 3
1.2 지내력 부족으로 인한 피해사례 ·· 4
1.3 변경된 건축내진구조 기준 ·· 7

제 2 장 건축 기초 공법

2.1 개요 ··· 21
2.2 건축 기초 공법의 종류 ·· 21
2.3 직접기초 ··· 22
    2.3.1 직접기초 원리 ·· 22
    2.3.2 직접기초 종류 ·· 23
    2.3.3 독립기초 ·· 24
    2.3.4 매트기초 ·· 24
2.4 말뚝기초 ··· 27
    2.4.1 말뚝기초 원리 ·· 27
    2.4.2 말뚝기초의 종류 ·· 29
2.5 삼축내진말뚝 ·· 34
    2.5.1 삼축내진말뚝 원리 ·· 34
    2.5.2 삼축내진말뚝 공법 특징 ·· 34
    2.5.3 삼축내진말뚝 공법 시공순서 ·· 36
    2.5.4 삼축내진말뚝 공법 적용범위 ·· 37
    2.5.5 삼축내진말뚝 내진성능 평가 ·· 38

제 3 장 건축물 기초 설계 및 설계법

3.1 직접기초 설계법 ·· 41

   3.1.1 지진시 건축물에 작용하는 하중 ·· 41

   3.1.2 직접기초에 대한 내진설계 ·· 42

3.2 건축물 말뚝기초 ·· 68

   3.2.1 지진시 건축물에 작용하는 하중 ·· 68

   3.2.2 말뚝 설계 절차 ·· 73

   3.2.3 병용기초(직접기초+말뚝기초) 설계절차 ·· 89

   3.2.4 말뚝 자체 안정성 검토 ·· 90

제 4 장 직접기초 설계

4.1 직접기초 적용범위 및 설계조건 ·· 95

   4.1.1 직접기초 적용범위 ·· 95

   4.1.2 직접기초 설계조건 ·· 95

4.2 지진특성 산정 ·· 96

   4.2.1 건축물의 중요도 결정 ·· 96

   4.2.2 내진등급과 중요도 계수 결정 ·· 96

   4.2.3 유효지반가속도 산정 ·· 97

   4.2.4 지반 증폭계수 ·· 99

   4.2.5 설계스펙트럼 가속도 ·· 100

   4.2.6 고유주기의 약산법 ·· 100

   4.2.7 지진응답계수 ·· 101

4.3 건축물 지진에 의한 하중 ·· 102

4.4 기초 접지압 산정 ·· 104

   4.4.1 상시 ·· 104

   4.4.2 지진시 ·· 104

4.5 기초지반 지지력 평가 ·· 106

   4.5.1 문헌에 의한 허용지내력 ·· 106

   4.5.2 설계식에 의한 허용지내력 ·· 107

4.6 건축물 침하 평가 ·· 109
   4.6.1 상시 ·· 109
   4.6.2 지진시 및 지층을 고려한 상세 침하 검토 ······················· 113
4.7 허용지내력 평가 ·· 116
   4.7.1 상시 ·· 116
   4.7.2 지진시 ·· 116

제 5 장 말뚝기초 설계

5.1 말뚝 두부 적용하중 ·· 119
   5.1.1 간단식 계산 방법 ··· 119
   5.1.2 구조계산서 활용 방법 ··· 122
5.2 말뚝에 발생하는 부재력 산정 ··· 123
   5.2.1 단본말뚝 계산 ·· 123
   5.2.2 무리말뚝 계산 ·· 126
5.3 말뚝 지지력 검토 ·· 128
   5.3.1 사용한계상태의 변위와 지지력 ······································· 128
   5.3.2 극한한계상태의 지지력 ··· 130
   5.3.3 암반지지 말뚝 ·· 132

제 6 장 삼축내진말뚝 기초 설계

6.1 설계절차 ·· 137
6.2 말뚝 두부 하중 산정 ·· 137
   6.2.1 소규모 주택에 대한 하중 산정 ······································· 137
   6.2.2 하중조합 ·· 138
   6.2.3 적용하중 계산 ·· 138
6.3 말뚝 부재력 산정 ·· 139
6.4 말뚝 부재력 안정성 검토 ·· 140
6.5 말뚝 지지력 및 침하 검토 ·· 141

6.5.1 검토조건 ·· 142

6.5.2 말뚝의 선단지지력 검토 ·· 142

6.5.3 말뚝의 주면마찰력 ·· 142

6.5.4 강도설계법에 의한 설계지지력 ·· 142

6.5.5 말뚝의 지지력 검토결과 ·· 142

제 7 장 삼축내진말뚝을 활용한 복합기초 설계

7.1 개요 ·· 145

7.2 직접기초 접지압 산정 ·· 145

    7.2.1 소규모 주택에 대한 하중 산정 ·· 145

    7.2.2 하중조합 ·· 146

    7.2.3 적용하중 계산 ·· 146

7.3 직접기초 지지력 산정 ·· 147

    7.3.1 상시 ·· 147

    7.3.2 지진시 ·· 149

7.4 건축물 침하 검토 ·· 150

    7.4.1 상시 ·· 150

    7.4.2 지진시 및 지층을 고려한 상세 침하 검토 ·· 153

7.5 말뚝 분담에 대한 말뚝 하중 산정 ·· 156

    7.5.1 말뚝 두부 하중 산정 ·· 156

    7.5.2 상시 ·· 156

    7.5.3 지진시 ·· 156

7.6 말뚝 부재력 산정 ·· 156

7.7 말뚝 부재력 안정성 검토 ·· 158

7.8 말뚝 지지력 및 침하 검토 ·· 159

    7.8.1 검토조건 ·· 159

    7.8.2 말뚝의 선단지지력 검토 ·· 160

    7.8.3 말뚝의 주면마찰력 ·· 160

    7.8.4 강도설계법에 의한 설계지지력 ·· 160

    7.8.5 말뚝의 지지력 검토결과 ·· 160

제 8 장 소구경 말뚝 공법

8.1 소구경 말뚝의 정의 ·· 163

8.2 소구경 말뚝의 역사 ·· 163

8.3 소구경 말뚝의 분류 ·· 163

    8.3.1 말뚝 구조적 분류 ·· 163

    8.3.2 그라우트 방법에 의한 분류 ··· 164

8.4 소구경 말뚝의 설계법 ··· 164

    8.4.1 개요 ·· 164

    8.4.2 극한주면마찰력 ·· 165

    8.4.3 선단지지력 ·· 166

    8.4.4 무리말뚝 고려 ·· 167

    8.4.5 구조설계 ·· 168

8.5 소구경 말뚝의 설계 (예) ·· 168

    8.5.1 설계조건 ·· 168

    8.5.2 말뚝의 설계지지력 ·· 168

제 9 장 지반-구조물 상호 작용에 대한 상수

9.1 말뚝의 침하와 수평변위 ··· 173

    9.1.1 설계기준 ·· 173

    9.1.2 단본 말뚝기초 침하 ·· 173

    9.1.3 선단부 압축 스프링 ·· 176

    9.1.4 말뚝 측벽 수평반력계수 ··· 177

    9.1.5 말뚝 주면 마찰 저항 전단스프링 ·· 178

9.2 FEM모델 방법 ·· 178

    9.2.1 하중조건 ·· 178

    9.2.2 단일말뚝 모델 방법 ·· 180

제 1 장 건축물 관련법과 기초구조기준

1.1 **내진 기초구조기준 개요**

1.2 **지내력 부족으로 인한 피해사례**

1.3 **변경된 건축내진구조 기준**

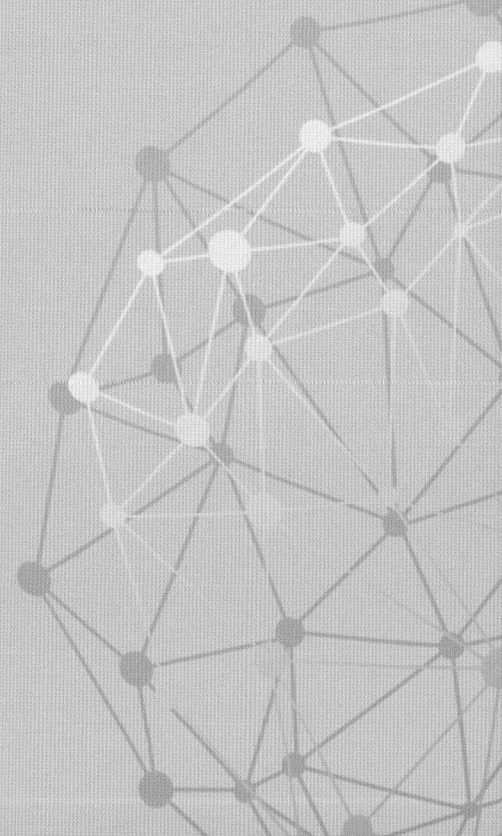

제 1 장 건축물 관련법과 기초구조기준

1.1 내진 기초구조기준 개요

지진시 피해는 대부분 기초의 부실로부터 시작된다. 그 이유는 기초는 보이지 않기 때문에 내진설계에 소홀할 수 있으며, 국내에서도 최근에서야 기초에 대한 내진설계기준이 국가기준 코드화 되었다.

특히, 기초에 대한 내진설계는 국내에서 소규모 주택에 적용된 사례를 찾기 어렵다. 지진피해에 대한 사진을 보면, 구조물의 전체가 넘어서서 피해가 발생하며 대부분 기초 내진설계가 되어있지 않기 때문이다. 다음은 2019년 3월 14일에 변경된 건축물 구조기준의 내용을 보인 것이며, 분명한 것은 기초에 대한 내진 설계를 하도록 되어 있다.

▶ KDS 41 20 00 : 2019 건축물 기초구조 설계기준

> 4.3 직접기초
> 4.3.1 기본사항
> 4.3.1.5 내진설계
> <u>직접기초의 내진설계를 할 때에는 기초에 대한 하중분포를 고려하여 기초 전체의 안정을 검토</u>하고 특히 지진으로 액상화가 예측되는 경우에는 저절한 대책을 강구해야 한다.
> 4.3.1.6 활동저항
> 구조물의 양측에서 지표면의 고저차가 있거나 <u>지진 등으로 구조물에 수평력이 작용할 경우 바닥면의 마찰 저항, 근입된 부분의 수동저항 및 그 외 미끄럼방지 돌기에 따른 기초의 활동저항을 검토하여야 한다.</u>
>
> 4.4 말뚝 기초
> 4.4.12 말뚝기초의 내진해석
> (1) <u>말뚝기초의 내진해석에서는 기초지반과 상부구조물의 특성을 고려하여 지진하중을 말뚝머리에 작용하는 등가정적하중으로 환산한 후 정적해석을 수행한다.</u>

더욱 중요한 것은 내진설계를 하였다고 하는 유명호텔에 적용된 말뚝 같은 경우 기초에 대한 내진설계를 하지 않은 경우가 많다는 것이다. 결국 말뚝기초로 되어 있는 건축물 중에 지진 발생시 건축물은 멀쩡한데, 말뚝이 부러져 넘어져서 피해를 볼 수 있는 건물들이 있다는 것이다. 2019년 3월 14일 이전의 설계기준에 따라 기초 내진설계를 누락한 곳이 많다. 모든 기초의 내진설계기준은 상부 건물의 기준을 따르도록 되어 있지만, 건축설계에서는 지하층에는 내진설계를 하지 않는 것으로 하고 있어서, 기초 내진설계 기준과 지하층 내진설계기준을 혼돈하여 검토하지 않은 곳이 많은 것이 사실이다. 이제는 기초에 대한 내진설계를 하지 않는 것은 부실설계를 의미하며, 지진 발생으로 사진과 같이 피해를 본다면 설계자의 책임을 회피하기 어렵다.

1.2 지내력 부족으로 인한 피해사례

[그림 1.1] 지진시 지내력 부족에 의한 건축물 피해사례 (1)

[그림 1.2] 지진시 지내력 부족에 의한 건축물 피해사례 (2)

1. 지진과 지내력

[그림 1.3] 지진시 지내력 부족에 의한 건축물 피해사례 (3)

[그림 1.4] 지진시 지내력 부족에 의한 건축물 피해사례 (4)

▶ 서울 건물 70% 내진설계 안돼, 2017-11-18, TBS뉴스

[그림 1.5] 포항 지진으로 무너진 담벼락 <사진=연합뉴스>

- 기사내용발췌

> 서울에 있는 건축물 10곳 중 7곳이 내진 성능을 갖추지 못한 것으로 확인됐습니다.
>
> 서울시는 올해 10월 기준으로 내진 설계 대상 건물 30만천여개 중 내진성능을 확보한 건물은 30%에 불과하다고 밝혔습니다.
>
> 특히 아파트 등 공동주택은 절반 정도가 내진성능을 확보했으나, 단독주택은 내진성능 확보율이 15%에 그쳤습니다.
>
> 비주거용건물의 경우 내진성능 확보율이 업무시설은 60%, 학교를 포함한 교육연구시설은 35%입니다.

1.3 변경된 건축내진구조 기준

다음은 건축물에 대한 건축법 시행령과 이에 대한 적용기준인 대한민국 국토교통부에서 정하는 국가기준 코드를 보여주는 것이다.

▶ 지진·화산재해대책법[시행 2020.12.10]

> **제4장 내진대책**
> **제14조(내진설계기준의 설정)** ① 관계 중앙행정기관의 장은 지진이 발생할 경우 재해를 입을 우려가 있는 다음 각 호의 시설 중 대통령령으로 정하는 시설에 대하여 관계 법령 등에 내진설계기준을 정하고 그 이행에 필요한 조치를 취하여야 한다. <개정 2009. 4. 22., 2011. 5. 30., 2011. 7. 25., 2013. 8. 6., 2016. 1. 27., 2016. 3. 29., 2017. 1. 17., 2017. 12. 26., 2018. 3. 13.>
>
> 1. 「**건축법**」에 따른 건축물

▶ 건축법 시행령[시행 2021.1.9]

> **제5장 건축물의 구조 및 재료 등(개정 2014.11.28.)**
> **제32조(구조 안전의 확인)** ① 법 제48조제2항에 따라 법 제11조제1항에 따른 건축물을 건축하거나 대수선하는 경우 해당 건축물의 설계자는 국토교통부령으로 정하는 구조기준 등에 따라 그 구조의 안전을 확인하여야 한다.<개정 2009. 7. 16., 2013. 3. 23., 2013. 5. 31., 2014. 11. 28.>
> ② 제1항에 따라 구조 안전을 확인한 건축물 중 다음 각 호의 어느 하나에 해당하는 건축물의 건축주는 해당 건축물의 설계자로부터 구조 안전의 확인 서류를 받아 법 제21조에 따른 착공신고를 하는 때에 그 확인 서류를 허가권자에게 제출하여야 한다. 다만, 표준설계도서에 따라 건축하는 건축물은 제외한다. <개정 2014. 11. 28., 2015. 9. 22., 2017. 2. 3., 2017. 10. 24., 2018. 12. 4.>
> 1. 층수가 **2층**[주요구조부인 기둥과 보를 설치하는 건축물로서 그 기둥과 보가 목재인 목구조 건축물(이하 "**목구조 건축물**"이라 한다)의 경우에는 **3층**] 이상인 건축물
> 2. 연면적이 200제곱미터(목구조 건축물의 경우에는 500제곱미터) 이상인 건축물. 다만, 창고, 축사, 작물 재배사는 제외한다.
> 3. 높이가 13미터 이상인 건축물
> 4. 처마높이가 9미터 이상인 건축물
> 5. 기둥과 기둥 사이의 거리가 10미터 이상인 건축물
> 6. 건축물의 용도 및 규모를 고려한 중요도가 높은 건축물로서 국토교통부령으로 정하는 건축물
> 7. 국가적 문화유산으로 보존할 가치가 있는 건축물로서 국토교통부령으로 정하는 것
> 8. 제2조제18호가목 및 다목의 건축물
> 9. 별표 1 제1호의 단독주택 및 같은 표 제2호의 공동주택
> ③ 제6조제1항제6호다목에 따라 기존 건축물을 건축 또는 대수선하려는 건축주는 법 제5조제1항에 따라 적용의 완화를 요청할 때 구조 안전의 확인 서류를 허가권자에게 제출하여야 한다.<신설 2017. 2. 3.>

▶ KDS 41 10 05 : 2019 건축물 기초구조 설계기준(계속)

3. 건축물의 중요도 분류

건축물의 중요도는 용도 및 규모에 따라 다음과 같이 중요도(특), 중요도(1), 중요도(2) 및 중요도(3)으로 분류한다.

3.1 중요도(특)

(1) 연면적 1,000 m^2 이상인 위험물 저장 및 처리시설

(2) 연면적 1,000 m^2 이상인 국가 또는 지방자치단체의 청사·외국공관·소방서·발전소·방송국·전신전화국

(3) 종합병원, 수술시설이나 응급시설이 있는 병원

(4) 지진과 태풍 또는 다른 비상시의 긴급대피수용시설로 지정한 건축물

3.2 중요도(1)

(1) 연면적 1,000 m^2 미만인 위험물 저장 및 처리시설

(2) 연면적 1,000 m^2 미만인 국가 또는 지방자치단체의 청사·외국공관·소방서·발전소·방송국·전신전화국

(3) 연면적 5,000 m^2 이상인 공연장·집회장·관람장·전시장·운동시설·판매시설·운수시설(화물터미널과 집배송시설은 제외함)

(4) 아동관련시설·노인복지시설·사회복지시설·근로복지시설

(5) 5층 이상인 숙박시설·오피스텔·기숙사·아파트

(6) 학교

(7) 수술시설과 응급시설 모두 없는 병원, 기타 연면적 1,000 m^2 이상인 의료시설로서 중요도(특)에 해당하지 않는 건축물

3.3 중요도(2)

(1) 중요도(특), (1), (3)에 해당하지 않는 건축물

3.4 중요도(3)

(1) 농업시설물, 소규모창고

(2) 가설구조물

4. 구조설계

4.1 구조설계의 원칙

건축구조물은 안전성, 사용성, 내구성을 확보하고 친환경성을 고려하여야 한다.

4.1.1 안전성

건축구조물은 유효적절한 구조계획을 통하여 건축구조물 전체가 KDS 41 10 15과 KDS 41 17 00에 따른 각종 하중에 대하여 KDS 41 17 00에서 KDS 41 70 00에 따라 구조적으로 안전하도록 한다.

▶ KDS 41 10 05 : 2019 건축물 기초구조 설계기준

> 4.1.2 사용성
> 건축구조물은 사용에 지장이 되는 변형이나 진동이 생기지 아니하도록 충분한 강성과 인성의 확보를 고려한다.
>
> 4.1.3 내구성
> 구조부재로서 특히 부식이나 마모훼손의 우려가 있는 것에 대해서는 모재나 마감재에 이를 방지할 수 있는 재료를 사용하는 등 필요한 조치를 취한다.
>
> 4.1.4 친환경성
> 건축구조물은 저탄소 및 자원순환 구조부재를 사용하고 피로저항성능, 내화성, 복원가능성 등 친환경성의 확보를 고려한다.

▶ KDS 41 17 00 : 2019 건축물 기초구조 설계기준(계속)

> 1. 일반사항
> 1.4 내진설계의 절차
> 건축물의 일반적인 내진설계 절차는 다음을 따른다.
> (1) 지진위험도, 내진등급, 성능목표의 결정
> (2) 내진구조계획
> (3) 지진력저항시스템 및 설계계수의 결정
> (4) 지진하중의 산정
> (5) 구조해석
> (6) 해석결과의 분석
> (7) 구조시스템과 부재에 대한 강도설계
> (8) 부재 및 연결부의 구조상세에 대한 설계
> (9) 필요시 비선형 해석에 대한 결과 검증
> (10) 비구조요소에 대한 설계
>
> 1.5 내진구조계획
> 구조물의 내진안정성을 제고하기 위한 고려사항은 다음과 같다.
> (1) 각 방향의 지진하중에 대하여 충분한 여유도를 가질 수 있도록 횡력저항시스템을 배치한다.
> (2) 지진하중에 대하여 건물의 비틀림이 최소화되도록 배치한다. 긴 장방형의 평면인 경우, 평면의 양쪽 끝에 지진력저항시스템을 배치한다.
> (3) 약층 또는 연층이 발생하지 않도록 수직적으로 구조재의 크기와 층고는 강성 및 강도에 급격한 변화가 없도록 계획한다.
> (4) 한 층의 유효질량이 인접층의 유효질량보다 과도하게 크지 않도록 계획한다.
> (5) 가급적 수직재는 연속되어야 한다.

▶ KDS 41 17 00 : 2019 건축물 기초구조 설계기준(계속)

(6) 슬래브에 과도하게 큰 개구부는 피한다.
(7) 증축계획이 있는 경우, 내진구조계획에 증축의 영향을 반영한다.

1.6 구조해석
(1) 구조해석모델에는 구조부재 뿐만 아니라 지진력과 구조물의 저항성능에 큰 영향을 줄 수 있는 비구조요소도 포함해야 한다.
(2) 구조물의 주기와 지진하중을 과소평가하지 않도록 구조물의 질량과 초기강성을 과소평가하지 않아야 한다.
(3) 구조물의 비탄성변형을 과소평가하지 않도록 항복 후 구조물의 강성을 과대평가하지 않아야 한다.
(4) 비틀림의 영향을 고려할 수 있도록 3차원 구조해석모델을 사용한다.

1.7 내진구조설계
(1) 각 부재가 연성능력을 발휘할 수 있도록 취성파괴를 억제하도록 설계해야 한다. 즉, 휨항복을 유도하기 위하여 전단파괴와 연결부파괴가 억제되도록 안전하게 설계한다.
(2) 취성파괴를 피할 수 없는 부재는 초과강도계수를 고려한 특별지진하중을 적용하여 안전하게 설계한다. 수직재가 연속이 아닌 경우와 취약한 연결부위 등이 이에 속한다.
(3) 보-기둥 연결부에서 가능한 한 강기둥-약보가 되도록 설계한다. 기둥이 큰 축력을 받는 경우 기둥의 휨강도가 보의 휨강도보다 크도록 설계한다.
(4) 기둥과 큰 보의 단부는 성능목표에 해당하는 연성능력을 유지할 수 있도록 콘크리트기준과 강구조기준에서 요구하는 연성상세를 사용한다.
(5) 보-기둥 접합부의 보강, 철근의 정착 및 이음, 강재의 접합(용접, 볼트이음) 등의 상세도서와 시방서에 설계 및 시공요구사항을 정확히 제공한다.

1.8 구조물 내진성능의 확인
(1) 시설물이 지진하중에 대하여 안전한 구조를 갖기 위해서는 설계단계에서부터 시공, 감리 및 유지.관리단계에 이르기까지 이 기준에 적합하여야 한다.

1.9 증축 구조물의 설계
1.9.1 독립증축
(1) 기존 구조물과 구조적으로 독립된 증축구조물은 신축구조물로 취급하여 이 장에 따라 설계 및 시공하여야 한다.
1.9.2 일체증축
(1) 기존 구조물과 구조적으로 독립되지 않은 증축구조물의 경우에는 전체 구조물을 신축구조물로 취급하여 이 장에 따라 설계 및 시공하여야 한다. 단, 기존 부분에 대해서는 전체 구조물로서 증가된 하중을 포함한 소요강도가 기존 부재의 구조내력을 5% 미만까지 초과하는 것은 허용된다.

1. 지진과 지내력

▶ KDS 41 17 00 : 2019 건축물 기초구조 설계기준

1.12 기준의 구성 및 적용
(1) 건물의 내진설계는 1장 ~ 14장을 따른다.
(2) 콘크리트구조를 비롯한 각 재료별 내진설계고려사항은 9장 ~ 13장을 따른다.
(3) 지하구조의 내진설계는 14장을 따른다.
(4) 건축물의 성능기반내진설계는 15장을 따른다.
(5) 면진구조와 감쇠시스템을 사용하는 내진설계는 각각 16장과 17장을 따르며, 추가하여 15장을 만족해야 한다.
(6) 비구조요소에 대한 내진설계는 18장을 따른다. 비구조요소에 대한 내진설계적용범위는 18.1.1을 따른다.
(7) 건물외구조물의 내진설계는 19장을 따른다.
(8) 건물의 기능유지를 위한 검토사항은 20장을 따른다.

▶ KDS 41 17 00 : 2019 건축물 기초구조 설계기준

4.2.4 지하구조의 영향을 고려한 지반증폭계수의 보정
지하구조물이 14장 지하구조물의 내진설계에 따라 지진토압에 대하여 안전하게 설계되어 있는 것으로 판단되는 경우, 기초저면 지반종류가 S_1 혹은 S_2이고 지진토압과 지진하중이 기초저면의 지반에 직접 전달될 수 있도록 기초저면이 지반에 견고히 정착되어 있다면, 지하구조강성에 대한 지표면 운동의 강도를 반영하여 지진시 지반운동에 의한 지표면의 변위와 지진토압에 의한 지하구조물의 변위의 비율에 따라 지상구조에 적용되는 지반증폭계수를 조정할 수 있다.

▶ KDS 41 17 00 : 2019 건축물 기초구조 설계기준(계속)

14. 지하구조물의 내진설계
14.1 일반사항
이 절에서 내진설계 대상으로 정하는 지하구조물은 건축물로 분류된 구조물(단독 지하주차장, 지하역사, 지하도 상가 등)과 건축물의 지상층과 연결되어 있는 지하구조물(공동주택의 지하주차장 등)이다.

14.2 지하구조물의 중요도
지하구조물의 중요도는 용도 및 규모에 따라 KDS 41 10 05 건축구조기준 총칙의 3. 건축물의 중요도 분류를 따른다. 다만, 지하층이 있는 건축물에서 지하층이 지상층에 비하여 넓은 평면을 가지는 경우, 지상층으로부터 전달되는 하중을 부담하는 영역 및 주요한 횡력(토압, 수압 등)을 지지하는 부재는 지상층의 중요도를 따르며, 그외 부분의 중요도는 지하층의 용도에 따라서 중요도계수를 다르게 적용할 수 있다.

▶ KDS 41 17 00 : 2019 건축물 기초구조 설계기준(계속)

14.3 지진력저항시스템
14.3.1 지상구조물의 지진력저항시스템
 지하구조와 지상구조로 구성된 건축물에서 지상구조물의 지진력저항시스템은 지상구조물의 구조형식에 따라 표 6.2-1을 적용한다. 단, 표 6.2-1의 높이제한규정 적용시 지하구조물의 높이는 산입하지 않는다.

14.3.2 지하구조물의 지진력저항시스템
 지하구조물은 콘크리트외벽으로 둘러싸여 있어서 큰 횡강성과 작은 연성능력을 가지고 있으므로 지하구조물 자체의 관성력에 의하여 발생하는 지진하중 산정 시 설계계수는 지상구조물의 설계계수와 별도로 표 6.2-1의 10에 따라 반응수정계수(R=3), 시스템초과강도계수($\Omega_0 = 3$), 변위증폭계수($C_d = 2.5$)를 적용한다.

14.3.3 지하구조물의 연성상세
 지상구조와 연결되어 지상구조로부터 지진하중이 전달되는 지하구조물의 영역은 지상구조로부터 전달되는 지진하중을 전달할 수 있도록 안전하게 설계되어야 하며, 지상구조와 연결되는 부위는 지상구조와 동일한 연성등급의 상세를 사용하여 설계한다. 다만, 부재의 강도가 초과강도계수를 고려한 특별지진하중보다 큰 경우에는 연성상세를 사용할 필요는 없다.

14.4 지진하중과 하중조합
14.4.1 지진하중
(1) 지하구조물의 관성력에 의한 지진하중은 지상구조물과 동일한 방법으로 14.2의 중요도계수와 14.3.2의 설계계수를 적용하여 계산한다.
(2) 지진토압의 계산은 14.5에 따른다. 지진토압과 지진토압계수 산정 시 기본설계지진은 3.지진구역 및 지진구역계수에서 정의하는 2400년 재현주기 유효지반가속도(S)의 2/3값을 적용한다. 설계지진토압은 구해진 지진토압에 14.2의 중요도계수와 14.3.2의 반응수정계수를 적용하여 산정한다.

14.4.2 하중조합
 하중조합은 KDS 41 10 15 건축구조기준 설계하중의 1.5 하중조합을 따른다. 단, 정적토압의 하중계수는 H의 1.6 대신에 1.0을 사용한다. 지진하중 는 지상구조물의 관성력에 의한 지진하중, 지하구조물의 관성력에 의한 지진하중, 설계지진토압(토사의 관성력에 의해 지하구조물에 작용하는 하중)을 포함한다.

14.4.3 정적토압과 설계지진토압의 조합
 하중조합시 지하구조물의 한쪽면에 정적토압과 설계지진토압의 합력이 작용하고 다른 쪽면에는 토압이 0인 경우와 두 면 모두에 합력이 작용하는 경우 모두를 고려해야 한다.

▶ KDS 41 17 00 : 2019 건축물 기초구조 설계기준(계속)

14.5 지진토압의 계산

14.5.1 지진토압산정의 기준면

지진토압은 지표면으로부터 기반암(지층의 전단파속도, V_S = 760m/s 이상)사이 토사의 운동을 고려하여 14.5.2에 따라 계산한다. 기반암은 지하구조물에 지진토압을 유발하지 않는 것으로 가정한다.

14.5.2 지진토압의 계산

(1) 일반적으로 지하구조물에 대한 지진해석 및 내진설계를 위한 지진토압은 응답변위법, 시간이력해석법을 이용하여 계산할 수 있다.

(2) 지표면으로부터 기반암까지 토사의 깊이가 15 m 이내이고, 지표면으로부터 지하구조물 기초의 저면까지의 깊이가 토사 깊이의 2/3 이하인 경우 지진토압은 (1)에서 기술된 두 가지 방법 이외에 추가로 등가정적법을 적용하여 구할 수 있다. 등가정적법에 의한 지진토압은 지표면에서 지하구조물 저면까지 깊이가 증가함에 따라 선형으로 증가하는 토압분포를 가지며 식 (14.5-1)~식 (14.5-3)으로 구한다.

$$P_{ae} = \frac{1}{2}\gamma H^2 K_{ae} \quad (14.5\text{-}1)$$

$$K_{ae} = 0.75 \times EPGA_{ff} \quad (14.5\text{-}2)$$

$$EPGA_{ff} = S \times F_a \times \frac{2}{3} \quad (14.5\text{-}3)$$

여기서, P_{ae} : 등가정적법에 의한 지하구조물의 지하외벽에 작용하는 지진토압의 합력

γ : 지하외벽과 접하는 토사지반의 평균 단위중량

H : 지표면에서 지하외벽의 저면까지의 깊이

K_{ae} : 지진토압계수

$EPGA_{ff}$: 해당지반 지표면에서의 최대유효지반가속도

S : 3장에서 정하는 유효지반가속도

F_a : 표 4.2-1의 단주기 지반증폭계수

14.6 지하구조를 고려한 지진해석 및 내진설계 방법

(1) 지진하중과 설계지진토압에 대하여 지상구조와 지하구조가 안전하도록 설계해야 한다.

(2) 원칙적으로 구조물의 해석모델은 지상구조와 지하구조를 포함하고 기초면 하부가 고정된 해석모델을 사용한다. 부재력을 구하기 위한 해석모델에서 지표면으로부터 기반암 사이 토사에 접하는 지하구조의 측면에 어떠한 수평방향 구속조건도 적용하지 않아야 하나, 기반암에 접하는 지하구조의 측면에는 수평방향 구속조건을 적용할 수 있다. 지상구조의 지진하중과 주기를 계산하기 위한 해석모델에서는 지반에 의한 지하구조 측면의 구속효과를 고려해야 한다.

▶ **KDS 41 17 00 : 2019 건축물 기초구조 설계기준**

> (3) 지하구조의 강성이 지상구조의 강성보다 매우 큰 경우, 지상구조와 지하구조를 분리하여 해석할 수 있다. 이때, 지상구조의 해석모델은 지표면에서 고정조건을 사용할 수 있다. 지하구조의 해석모델은 기초하부가 고정된 해석모델을 사용하며, 지상구조로부터 전달된 하중, 지하구조의 지진하중, 지진토압, 정적토압을 고려해야 한다.
>
> (4) 말뚝기초를 포함한 모든 기초는 기초판저면의 밑면전단력이 지반에 안전하게 전달되도록 설계되어야 하며, 기초저면과 지반이 밀착되도록 시공되어야 한다.
>
> (5) 지하구조물과 지반을 함께 모델링할 경우 지하구조물 측면의 토사와 기반암 상부에서 기초하부까지의 토사를 해석모델에 포함해야 한다.
>
> (6) 지하구조에 대한 근사적인 설계방법으로, 설계지진토압을 포함하는 모든 횡하중을 횡하중에 평행한 외벽이 지지하도록 설계할 수 있다.
>
> (7) 지하외벽은 직각방향으로 재하되는 설계지진토압에 대해서 안전하도록 설계해야 한다. 다만, 해당 영역의 손상이 중력하중과 횡하중에 대한 구조물 전체의 안전성과 인명피해에 영향을 주지 않는다면, 해당 벽체영역의 국부적인 파괴를 허용할 수 있다.

▶ **KDS 41 17 00 : 2019 건축물 기초구조 설계기준(계속)**

> 7.2 등가정적해석법
>
> 7.2.1 밑면전단력
>
> 밑면전단력 V는 식 (7.2-1)에 따라 구한다.
>
> $$V = C_s W \qquad (7.2\text{-}1)$$
>
> 여기서, C_s : 식 (7.2-2)에 따라 산정한 지진응답계수
> W : 고정하중과 아래에 기술한 하중을 포함한 유효 건물 중량
>
> ① 창고로 쓰이는 공간에서는 활하중의 최소 25%(공용차고와 개방된 주차장 건물의 경우에 활하중은 포함시킬 필요가 없음.)
> ② 바닥하중에 칸막이벽 하중이 포함될 경우에 칸막이의 실제중량과 0.5kN/m^2 중 큰 값
> ③ 영구설비의 총 하중
> ④ 적설하중이 1.5kN/m^2을 넘는 평지붕의 경우에는 평지붕 적설하중의 20%.
> ⑤ 옥상정원이나 이와 유사한 곳에서 조경과 이에 관련된 재료의 무게
>
> 7.2.2 지진응답계수
>
> 지진응답계수 C_s는 식 (7.2-2)에 따라 구한다.
>
> $$C_s = \frac{S_{DS}}{\left[\dfrac{R}{I_E}\right]} \qquad (7.2\text{-}2)$$

1. 지진과 지내력

▶ KDS 41 17 00 : 2019 건축물 기초구조 설계기준

식 (7.2-2)에 따라 산정한 지진응답계수 C_s는 다음 값을 초과하지 않아도 된다.

$T \leq T_L$:

$$C_s = \frac{S_{D1}}{\left[\dfrac{R}{I_E}\right] T} \quad (7.2\text{-}3)$$

$T > T_L$:

$$C_s = \frac{S_{D1} T_L}{\left[\dfrac{R}{I_E}\right] T^2} \quad (7.2\text{-}4)$$

그러나 지진응답계수 C_s는 다음 값 이상이어야 한다.

$$C_s = 0.044 S_{DS} I_E \geq 0.01 \quad (7.2\text{-}5)$$

여기서, I_E : 표 2.2-1에 따라 결정된 건축물의 중요도계수
R : 표 6.2-1에 따라 결정한 반응수정계수
S_{DS} : 4.2에 따른 단주기 설계스펙트럼가속도
S_{D1} : 4.2에 따라 결정한 주기 1초에서의 설계스펙트럼가속도
T : 7.2.3에 따라 산정한 건축물의 고유주기(초)
T_L : 5초

▶ KDS 41 20 00 : 2019 건축물 기초구조 설계기준(계속)

1. 일반사항
1.1 적용범위
 (1) 이 기준은 건축구조물의 기초, 지하벽, 옹벽 및 흙막이 등에 적용한다.
 (2) 특별한 조사·연구에 의하여 설계할 때에는 이 기준을 적용하지 않을 수 있다. 그 경우에는 그 근거를 명시하여야한다.
 (3) 이 기준은 허용응력설계법을 기준으로 지반 및 말뚝의 안전성을 검토하도록 규정하였으나, 항복지지력이나 극한지지력을 사용할 경우에는 성능에 기반을 둔 강도실계나 한계상태실계도 가능하다.

2.2 계획
2.2.1 계획의 기본
 (1) 건축구조물 등의 기초는 상부구조에 대한 구조적인 성능을 충분히 파악하여 구조물 전체의 균형을 고려한 기초를 계획하여야 한다.
 (2) 기초구조의 성능은 상부구조의 안전성 및 사용성을 확보할 수 있도록 계획하여야 한다.

> KDS 41 20 00 : 2019 건축물 기초구조 설계기준(계속)

4. 설계

4.1 기초지반의 지지력 및 침하

4.1.1 기본방침

(1) 기초는 상부구조를 안전하게 지지하고, 유해한 침하 및 경사 등을 일으키지 않도록 하여야 한다.
(2) 기초는 접지압이 지반의 허용지지력을 초과하지 않아야하며, 또한 기초의 침하가 허용침하량 이내이고, 가능하면 균등해야 한다.
(3) 기초형식은 지반조사결과에 따라 달라지며, 직접기초에서는 기초저면의 크기와 형상, 그리고 말뚝기초에서는 그 제원, 개수, 배치 등을 결정하여야 한다.

4.3 직접기초

4.3.1 기본사항

4.3.1.1 허용지내력

허용지내력은 4.1.2에 규정한 지반의 허용지지력 이하가 되도록 하며, 또한 4.1.3에 따라 산정한 침하량이 4.1.4의 허용침하량 이하가 되도록 정하여야 한다.

4.3.1.2 안전성·사용성·내구성

직접기초는 예상 최대하중에 대해서 상부구조가 파괴되거나 전도되지 않아야 하고, 일상적으로 작용하는 하중상태에서는 구조물의 사용성이나 내구성에 지장을 주는 과대한 침하나 변형이 발생되지 않도록 하여야 한다.

4.3.1.3 기초깊이

직접기초의 저면은 온도변화에 의하여 기초지반의 동결 또는 체적변화를 일으키지 않으며, 또한 우수 등으로 인하여 세굴되지 않는 깊이에 두어야 한다.

4.3.1.5 내진설계

직접기초의 내진설계를 할 때에는 기초에 대한 하중분포를 고려하여 기초 전체의 안정을 검토하고 특히 지진으로 액상화가 예측되는 경우에는 적절한 대책을 강구해야 한다.

4.3.1.6 활동저항

구조물의 양측에서 지표면의 고저차가 있거나 지진 등으로 구조물에 수평력이 작용할 경우 바닥면의 마찰저항, 근입된 부분의 수동저항 및 그 외 미끄럼방지 돌기에 따른 기초의 활동저항을 검토하여야 한다.

4.4.9 말뚝의 침하

4.4.9.1 침하검토

예상되는 하중에 따른 말뚝의 침하량 및 부등침하량과 말뚝의 침하에 따라 발생하는 기초부재 또는 상부구조의 응답값이 설계용 한계값에 이르지 않도록 검토하여야한다. 침하검토가 중요하지 않은 말뚝기초에서는 말뚝하중이 설계용 한계값인 극한지지력의 1/3 이하인 경우에 한해 침하검토를 생략할 수 있다.

▶ KDS 41 20 00 : 2019 건축물 기초구조 설계기준(계속)

4.4.12 말뚝기초의 내진해석

(1) 말뚝기초의 내진해석에서는 기초지반과 상부구조물의 특성을 고려하여 지진하중을 말뚝머리에 작용하는 등가정적하중으로 환산한 후 정적해석을 수행한다.

(2) 무리말뚝의 경우 무리말뚝 해석을 통하여 구조물의 하중을 각 단일말뚝에 분배하고, 이 때 가장 큰 하중을 받는 단일말뚝에 대하여 등가정적해석을 수행한다.

4.4.13 말뚝기초의 내진상세

(1) 내진설계범주 C 또는 D로 분류된 구조물에 사용하는 콘크리트 말뚝의 띠철근 및 나선철근은 KDS 41 30 00(4.3 및 4.18)에서 규정하고 있는 갈고리 상세에 따라 배근하여야한다.

(2) 내진설계범주 C 또는 D로 분류된 구조물에 사용하는 말뚝의 이음부는 다음 중 작은 값에 견딜 수 있어야 한다.

① 말뚝재료의 공칭강도

② KDS 41 17 00(8.1.2.3)의 특별지진하중으로 부터 발생된 축력, 전단력, 모멘트

(3) 내진설계범주 C 또는 D로 분류된 구조물에서 프리텐션이 사용되지 않은 기성콘크리트말뚝의 종방향 주철근비는 전체 길이에 대해 1 % 이상으로 하고, 횡방향철근은 직경 9.5 mm 이상의 폐쇄띠철근이나 나선철근을 사용하여야한다.

(4) 내진설계범주 C로 분류된 구조물의 현장타설말뚝에서 종방향 주철근은 4개 이상 또한 설계단면적의 0.25% 이상으로 하고, 말뚝머리로 부터 다음에 규정하는 최댓값의 구간에 배근하여야한다.

① 말뚝길이의 1/3

② 말뚝최소직경의 3배

③ 3.0m

④ 말뚝의 상단으로부터 식 (4.4-9)에 따라 계산한 설계균열모멘트가 KDS 41 10 15(1.5)의 하중조합을 반영하여 산정한 소요휨강도를 초과하는 지점까지의 거리

(5) 현장타설말뚝의 횡방향철근은 직경 10 mm 이상의 폐쇄띠철근이나 나선철근을 사용하고, 간격은 말뚝머리부터 말뚝직경의 3배의 구간에는 주철근직경의 8배와 150 mm중 작은값 이하로 하고, 나머지 구간의 간격은 주철근직경의 16배를 초과하지 않아야한다.

(6) 내진설계범주 D로 분류된 구조물에 사용되는 현장타설말뚝의 종방향 주철근은 4개 이상 또한 설계단면적의 0.5% 이상으로 하고, 말뚝머리로 부터 다음에 규정하는 최댓값의 구간에 배근하여야한다.

① 말뚝길이의 1/2

② 말뚝최소직경의 3배

③ 3.0 m

④ 말뚝의 상단으로부터 식 (4.4-9)에 따라 계산한 설계균열모멘트가 KDS 41 10 15(1.5)의 하중조합을 반영하여 산정한 소요휨강도를 초과하는 지점까지의 거리

(7) 내진설계범주 D로 분류된 구조물에 사용하는 말뚝은 기초판과의 구속에 따른 인발력 및 휨모멘트에 의해 발생되는 축력을 조합하여 설계하여야하며, 말뚝의 인장강도의 25 % 이상 발휘할 수 있도록 기초판속으로 정착하여야한다. 또한 말뚝머리의 정착은 다음의 규정을 만족하여야 한다.

▶ KDS 41 20 00 : 2019 건축물 기초구조 설계기준(계속)

① 종방향 주철근 직경의 12배

② 말뚝 최소직경의 1/2

③ 305 mm

(8) 내진설계범주 D로 분류된 구조물에 사용되는 현장타설말뚝의 종방향 주철근은 4개 이상 또한 설계단면적의 0.5% 이상으로 하고, 말뚝머리로 부터 다음에 규정하는 최댓값의 구간에 배근하여야한다.

① 인발에 대한 정착은 다음중 최솟값에 저항할 수 있어야한다.

가. 말뚝의 종방향 주철근의 공칭인장강도

나. 철골부재의 공칭인장강도

다. 말뚝과 지반 사이의 마찰력의 1.3배

② 비틀림저항에 대한 정착은 KDS 41 17 00(8.1.2.3.)의 특별지진하중에 의해 발생되는 축력, 전단력, 휨모멘트를 저항하도록 설계하거나 또는 말뚝의 축력, 휨, 전단에 대한 공칭강도를 저항할 수 있어야 한다.

4.5 병용기초

4.5.1 기본사항

병용기초는 각기 다른 2종류 이상의 기초형식을 병용하는 것으로 병용기초의 설계에 있어서 단독의 직접기초 또는 말뚝기초보다 그 거동이 복잡하기 때문에 기초와 지반의 상호 조건을 신중하게 고려해서 설계하여야 한다.

4.5.2 병용기초의 형식 및 설계조건

병용기초의 형식은 크게 이종기초 및 말뚝전면복합기초(Piled Raft Foundation)로 분류할 수 있으며, 다른 기초와 마찬가지로 지지력과 침하량에 대하여 검토해야 하고, 설계에서 요구하는 지지력 이상과 구조적인 안전을 확보할 수 있는 허용침하량을 확인하여야 한다.

4.5.4 말뚝전면복합기초

(1) 말뚝전면복합기초는 직접기초와 말뚝기초가 복합적으로 상부구조를 지지하는 기초형식으로서 직접기초의 설계요구조건을 기본으로 하고, 말뚝체 및 말뚝머리 접합부 등의 관련 부분에 대한 설계요구조건을 동시에 만족하여야 한다.

(2) 말뚝전면복합기초는 다음의 사항을 검토하여 안전성을 확인하여야 한다.

① 상부구조에 대하여 영향을 줄 수 있는 기초부재의 변형 및 변형각이 구조적인 안전성을 확보할 수 있는 허용치 이내가 되도록 해야 한다.

② 기초부재에 작용하는 각 부재의 응력, 변형각, 균열폭 등에 대하여 검토하여야 한다.

③ 기초지반의 연직지지력, 침하량을 검토하고 전면기초판 하부 지반의 다짐도를 확인해야 한다. 또한 KDS 41 10 10(10)에 따라 시험을 실시하여 말뚝 및 기초지반의 안전성을 확인하여야 한다.

제 2 장   건축 기초 공법

2.1 **개요**

2.2 **건축 기초 공법의 종류**

2.3 **직접기초**

2.4 **말뚝기초**

2.5 **삼축내진말뚝**

제 2 장 건축 기초 공법

2.1 개요

 소규모 주택에서는 내진설계를 2층 이상 하도록 되어 있지만, 기초설계 시 이를 준수하여 검토하는 건축설계는 찾아보기 힘들다.

 명확하게 검토하는 방법을 적용하기에는 검토비용이 많이 들어 건축설계에서 기초의 내진검토까지 비용을 부담하는 설계사가 많지 않으며, 연약지반인 경우 소구경말뚝(micropile) 단본으로 하는 공법을 적용하여도 수평력이 적용되는 경우는 수평저항력이 작아 큰 효과를 볼 수 없다.

 작은 면적에 직경 400mm이상의 대형말뚝을 적용하기에는 대형장비와 공사비가 지나치게 부담이 되며, 시공성 저하 및 주변 환경에 영향을 미칠 수 있다.

2.2 건축 기초 공법의 종류

 건축물 기초에 적용되는 공법은 다음과 같으며, 크게 직접기초, 말뚝기초, 삼축내진말뚝 등이 있다.

[표 2.1] 삼축내진말뚝 공법비교

구 분	삼축내진말뚝	내진PHC 또는 강관	직접기초 또는 팽이기초
적용 범위	• 직접기초 보강 • 3~10m 연약지반	• 5~40m 연약지반 • 심도가 깊고 대형 구조물	• 풍화토 이상 • 근입깊이 3m이상
안정성	• 수직성능 : 30~100ton • 수평성능 : 5~20ton	• 수직성능 : 100~300ton • 수평성능 : 10~50ton	• 활동, 지내력, 기울어짐 • 지진시 검토 필요
장단점	• 소·중규모 주택에 적용가능 • 지진시 수평저항력 우수 • 3축 트러스 간단한 구조로 수평, 수직력에 우수 • 직접기초 보강용 적용가능	• 심도 깊은 곳에 적용 가능 • 대형장비로 소형주택 적용성이 낮음 • 지반조건에 따라 수평저항력 특성이 다름	• 지반이 암반인 경우 적용 • 토사 지반인 경우 양호한 지반까지 굴착이 필요함 • 지진발생시 지반구조물 상호거동으로 균열 발생
개요도			

2.3 직접기초

2.3.1 직접기초 원리

직접 기초는 지반이 충분한 지내력이 확보되는 경우에 적용하는 공법으로 지내력이라 함은 허용침하가 포함된 허용지지력 값을 의미한다. 이러한 허용지내력의 대표적인 식은 Meyerhof(1956, 1974)에 제시된 허용 침하량 25mm를 기준으로 한 표준관입시험(SPT)값을 이용한 산정식이다.

$$q_a = \frac{N_{55}}{0.05}\left(1+\frac{D_f}{B}\right)(\text{kPa}) \qquad B \leq 1.2\,m$$

$$q_a = \frac{N_{55}}{0.08}\left(\frac{B+0.3}{B}\right)^2\left(1+\frac{D_f}{B}\right)(\text{kPa}) \qquad \text{for } 0 \leq D_f \leq B \text{ and } B \geq 1.2$$

$$q_a = \frac{N_{70}}{0.04}\left(1+\frac{D_f}{B}\right)(\text{kPa}) \qquad B \leq 1.2\,m$$

$$q_a = \frac{N_{70}}{0.06}\left(\frac{B+0.3}{B}\right)^2\left(1+\frac{D_f}{B}\right)(\text{kPa}) \qquad \text{for } 0 \leq D_f \leq B \text{ and } B \geq 1.2$$

여기서, q_a : 허용지내력(kPa)

N_{55}, N_{70} : 에너지 효율을 고려한 N값(0.75B 평균)

B : 기초 폭

D_f : 기초 깊이

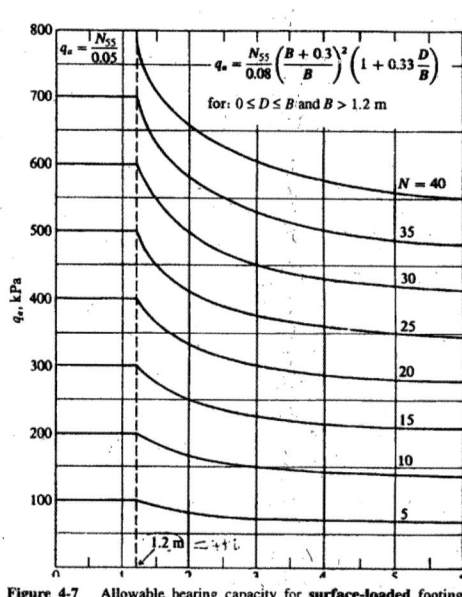

[그림 2.1] 허용침하 25mm 기준의 허용지지력(Foundation-Analysis and Design, Joseph.Bowles)

설계자가 주의할 점은 설계기준에 제시된 지지력 식의 경우 대부분 허용침하량 기준이 빠진 식으로 이론식을 이용하는 경우는 반드시 침하량 산정을 통하여 허용지지력 + 허용침하량을 포함하는 검토가 필수적이다.

설계상 중요도에 따라 허용 침하량 기준을 $S_a$mm로 하는 경우는 산정된 허용지내력에서 다음과 같이 보정할 수 있다.

$$q_{as} = \frac{S_a}{25} q_a$$

여기서, q_{as} : 허용 침하량 S_a에 대한 허용지내력(kPa)

S_a : 허용 침하량

2.3.2 직접기초 종류

직접기초의 종류는 다음과 같은 유형이 있으며, 국내에서는 독립기초와 매트기초의 유형이 가장 널리 사용되고 있다.

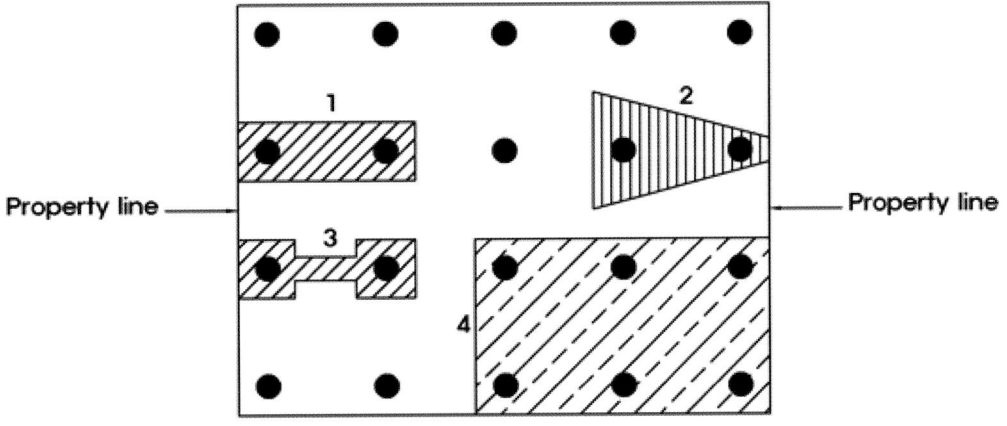

1. Rectangular combined footing
2. Trapezoidal combined footing
3. Cantilever footing
4. Mat foundation

[그림 2.2] Combined footing(Foundation Engineering. Braja M. Das)

독립기초는 기둥에 작용되는 하중을 별도로 기초푸팅에 작용되도록 하는 것이며, 매트 기초는 바닥 전체가 기둥과 하나의 시스템으로 거동하도록 하는 방식이다.

2.3.3 독립기초

독립기초는 그림과 같이 기둥에 작용되는 하중을 기초지반에 전달하는 부분이 기둥하나 독립된 기초로 설계를 하는 경우이며, 이 경우는 대부분 기둥 하나에 기초 하나가 일반적이다.

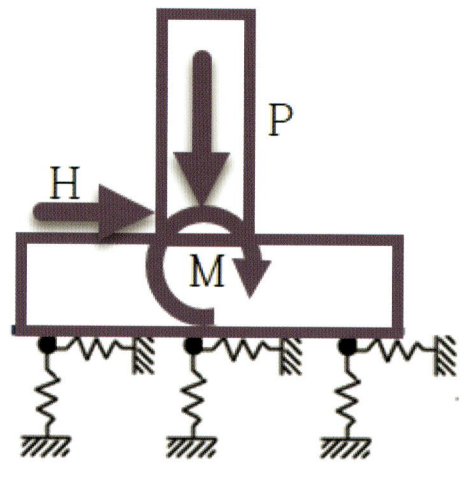

[그림 2.3] 독립기초

2.3.4 매트기초

매트기초는 기초 전면에 기둥의 하중이 전체적으로 작용되어 기둥과 매트, 그리고 지반의 반력이 하나의 시스템으로 거동하기 때문에 매트에 대한 지반 구조해석이 필요하다.

다음은 매트기초에 대한 예이며, 플랫트 매트 기초는 국내에서 많이 사용되고 있는 기초로 기초 단면을 일정한 두께로 한다. 지반이 양호한 조건에 적합하다. 예를 들면 풍화암 정도 이상은 이러한 단면이 합리적이다.

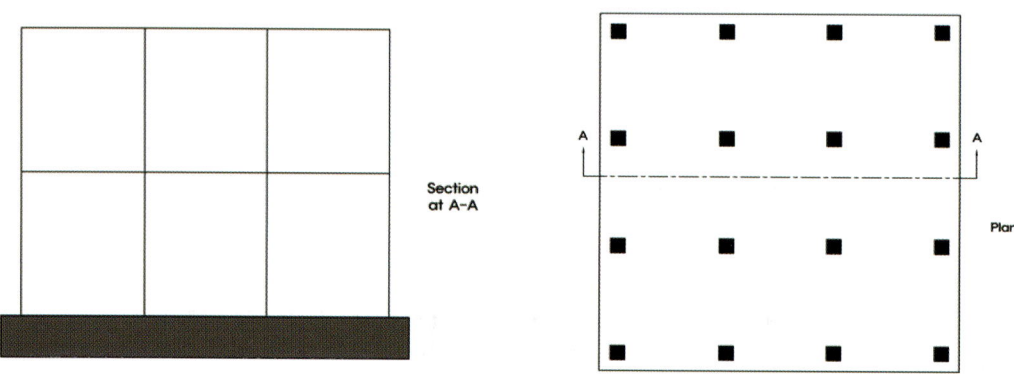

[그림 2.4] 전면 매트기초

다음은 보강매트 기초로 기둥부에 떨어지는 하중이 크고 기초지반이 좋은 경우에 적합하다. 이러한 경우는 말뚝기초와 병행되는 경우 적용이 용이한 단면이다.

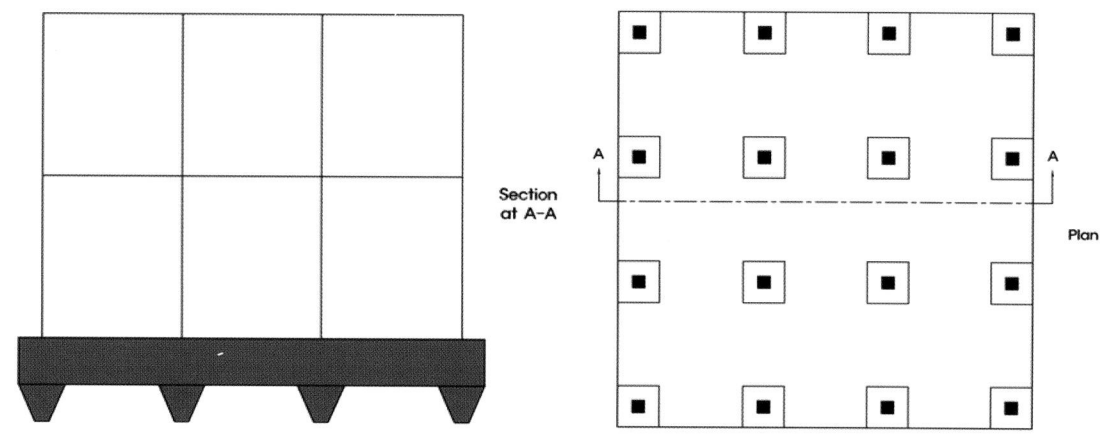

[그림 2.5] 보강 매트 기초

다음은 특수한 매트기초이며, 하부지반이 팽창성 지반인 경우에 적합하다. 보강매트기초는 기둥부 매트의 두께가 두꺼워지는 형상이지만, 기둥이 없는 부분만 두께를 작게 해 공간을 만들어 시공 후 지하수 등에 의한 팽창성 지반에 적합한 공법이다. 예를 들면 셰일층 암반은 말뚝을 박기에는 기초 지반이 단단하지만, 평평한 전면매트기초를 하면 지반이 물을 흡수하여 팽창되는 경우 지반융기로 건물이 기울어질 수 있다. 이러한 기초의 주의 사항은 격자를 비우는 것이다. 심지어 팽창성 지반은 말뚝을 설치해도 융기를 잡기 어렵다.

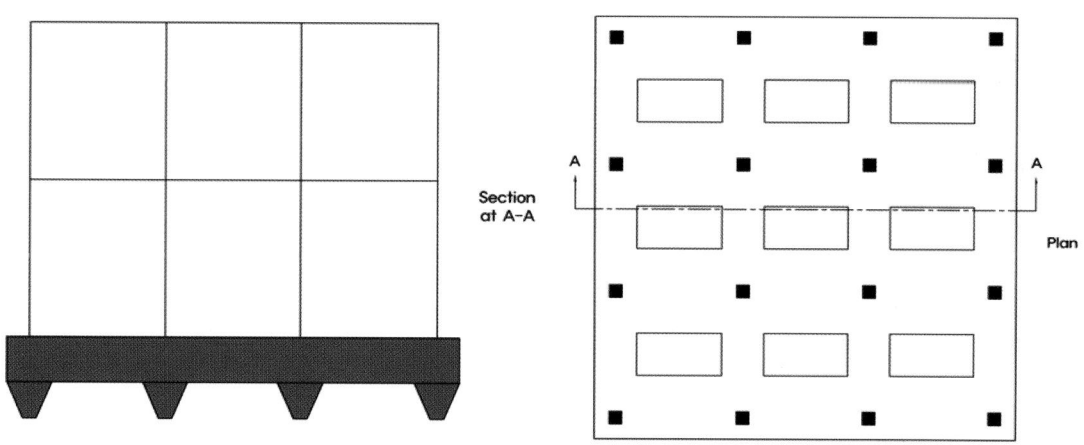

[그림 2.6] 격자(와플) 매트 기초

다음은 박스형 기초이다. 지하실이 필요 없는 경우에 건물 바닥 층이 연약지반이라 기초를 하기는 어려운 조건에서 양호한 지반까지의 깊이가 작은 경우에 적용하는 기초공법이다. 이러한 경우 간호 줄기초를 하는 경우도 있다. 줄기초를 하는 경우 구조물 부등침하로 균열발생할 가능성이 크기 때문에 건물의 안정성에는 박스형 기초가 적합하다.

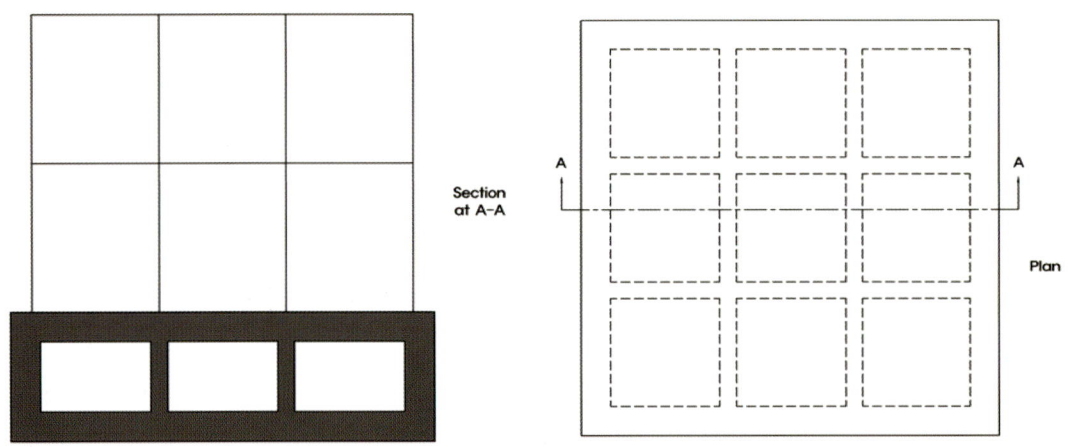

[그림 2.7] 박스형 기초

인접 구조물이 있는 경우 굴착에 의한 피해를 최소화하는 공법으로 다음과 같은 공법을 적용할 수 있다. 가장 경제적이고 간단한 방법은 기초지반을 쇄석으로 치환하여 다짐하는 공법이며, 삼축내진말뚝을 적용하여 병용기초를 활용하는 방법으로 보강할 수 있다.

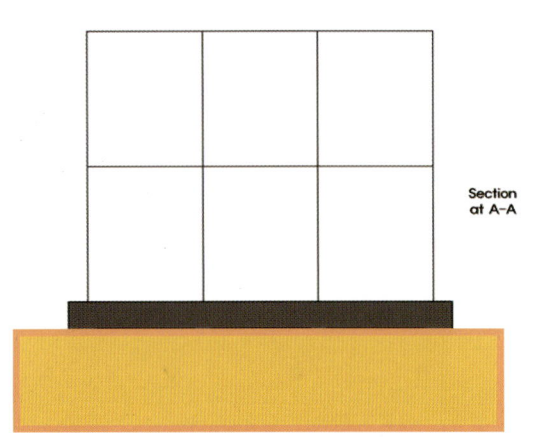
[그림 2.8] 잡석 치환 공법

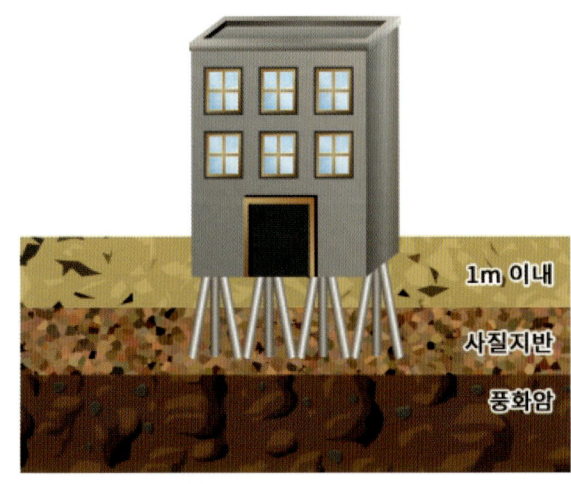
[그림 2.9] 삼축내진말뚝을 이용한 병용기초(Piled Raft Foundation)

2.4 말뚝기초

2.4.1 말뚝기초 원리

　말뚝기초는 건물의 기초지반이 연약하여 직접기초가 불가능한 경우 말뚝기초를 적용한다. 말뚝은 공법에 의한 분류, 재료에 의한 분류, 시공법에 의한 분류 등 다양한 분류가 있다. 특수한 목적의 말뚝은 전문적인 지식이 필요하고 지지력 등도 다양하게 검증이 필요하다.

　[그림 2.10]과 같이 말뚝은 기초에 접합되어 상부 구조물의 하중을 받고 있다. 최근에 변경된 설계기준에서는 지진시 발생하는 건물 수평력과 지하층 지진토압을 발생되는 밑면 전단력을 말뚝 두부에 수평력을 받을 수 있도록 설계가 되어야 한다.

　말뚝기초의 기능은 건물의 침하 또는 부등침하로부터 건물이 안정성을 확보하도록 계획되어야 한다.

　[그림 2.10]에서 보는 것처럼 말뚝은 연약한 지반을 통과하여 바닥부 지지층까지 전달하는 건축물의 일부인 구조물이다.

　과거에는 건축물과 분리하여 말뚝을 기초라는 별도의 시설물로 보았지만 지진 발생 시에 건물의 지진 거동 시 건물과 동시 움직이는 경우 말뚝은 건축물의 일부이며, 그 재료가 콘크리트인 경우 기본적으로는 콘크리트 설계기준을 따라야 하고, 강재인 경우 강재에 해당하는 기준을 따라 설계하여야 한다.

　앞 절에서 보았듯이 지진시 말뚝이 파괴되어 건축물이 넘어진다면 건축물에 내진설계를 하여도 사상누각인 것이다.

[그림 2.10] 말뚝 기초

[그림 2.11]은 지진시 말뚝기초가 파괴된 사례를 보인 사진이다.

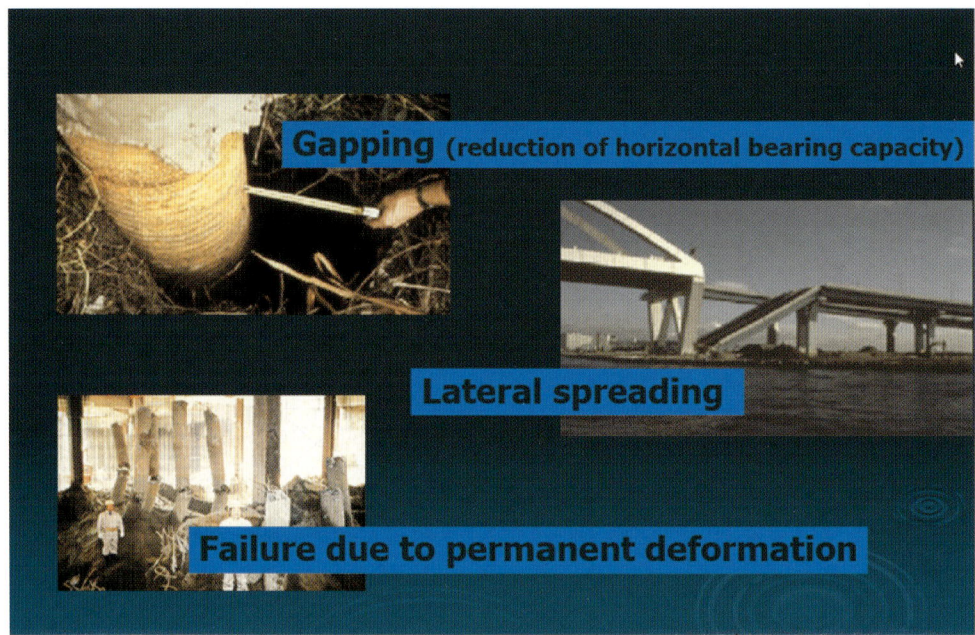

[그림 2.11] 지진시 말뚝 기초의 파괴

[그림 2.12]는 지진시 건축물은 멀쩡하지만 전도로 건축물 자체가 넘어가는 지진피해를 보이는 대표적인 사진이다(캘리포니아 대학교 버클리 대학 지진 공학을 위한 국가 정보 서비스 제공).

[그림 2.12] 지진시 말뚝 기초의 파괴

2.4.2 말뚝기초의 종류

말뚝 기초의 종류에는 다양한 공법이 있다. 국내에서 건축분야에 대표적으로 많이 사용되는 말뚝은 기성말뚝(PHC, 강관)과 소구경 말뚝(Micro Pile)이다. 건축 설계기준에서는 병용기초 공법도 적용할 수 있도록 되어 있지만 적용하기 적합한 공법이 현재까지는 없었던 것으로 판단되며, 최근에는 삼축 내진말뚝이 병용기초 공법을 적용하여 설계한 사례가 있다.

가. 기성말뚝

기성말뚝은 강관말뚝과 PHC말뚝이 대표적으로 적용되고 있으며, 건축에서는 강관말뚝의 경우 비용 문제로 적용수가 줄었고 가격이 저렴한 PHC말뚝이 적용되어 왔다.

향후 내진을 고려한 말뚝을 적용 시에는 말뚝 두부에 수평력이 작용되어 말뚝이 축력과 모멘트를 받는 콘크리트 구조물로 설계되어야 한다. 구조계산서에 반드시 축력과 모멘트가 동시에 받는 조건에서의 콘크리트 강도설계법 또는 한계상태 설계법에 따라 설계를 따라야 한다.

기성콘크리트 제품도 다음과 같은 도표로 제시되어야 한다.

[표 2.2] 기성말뚝 설계방법

말뚝 종류	설계 모멘트 강도	설계 압축 강도	설계 전단 강도
A	000	000	000
B	000	000	000
C	000	000	000

콘크리트 재료인 경우는 PM상관도에서 모멘트 최대일 때와 축력 최대일 때를 검토하여, 말뚝에 작용하는 지진시 발생되는 발생모멘트, 축력, 전단력에 안정한지를 검토하여야 한다.

나. 소구경 말뚝(Micro Pile)

소구경 말뚝은 1950년대 이탈리아에서부터 적용하던 공법으로 소형장비로 비용 절감을 할 수 있는 공법으로 잘 알려져 있으며, 국내에도 많이 적용되고 있다. 국내에서는 스크류 형태의 말뚝으로 개량해 천공하여 그라우팅 방식을 하지 않고 회전시키는 방법으로 시공하는데, 이 경우 이론식과 현장에서의 지지력이 차이가 크며, 품질관리가 필요하다.

소구경 말뚝의 가장 큰 단점은 단본으로는 말뚝 자체의 기능을 하기 어렵다는 것이다.

[그림 2.13]은 그룹으로 경사지게 설치하여 지반보강개념과 말뚝 강성을 함께 고려하는 방법으로, 프랑스에서는 설계기준에 설계법이 제시되어 있다. 소구경말뚝이라 좌굴에 취약하여 완전 연약지반에는 적용이 어려운 단점이 있다. 또한 그룹으로 설치하는 경우는 유한요소 해석을 수행하지 않으면 최대 부재력 산정이 힘들어 부재력 검토 방법이 어렵다.

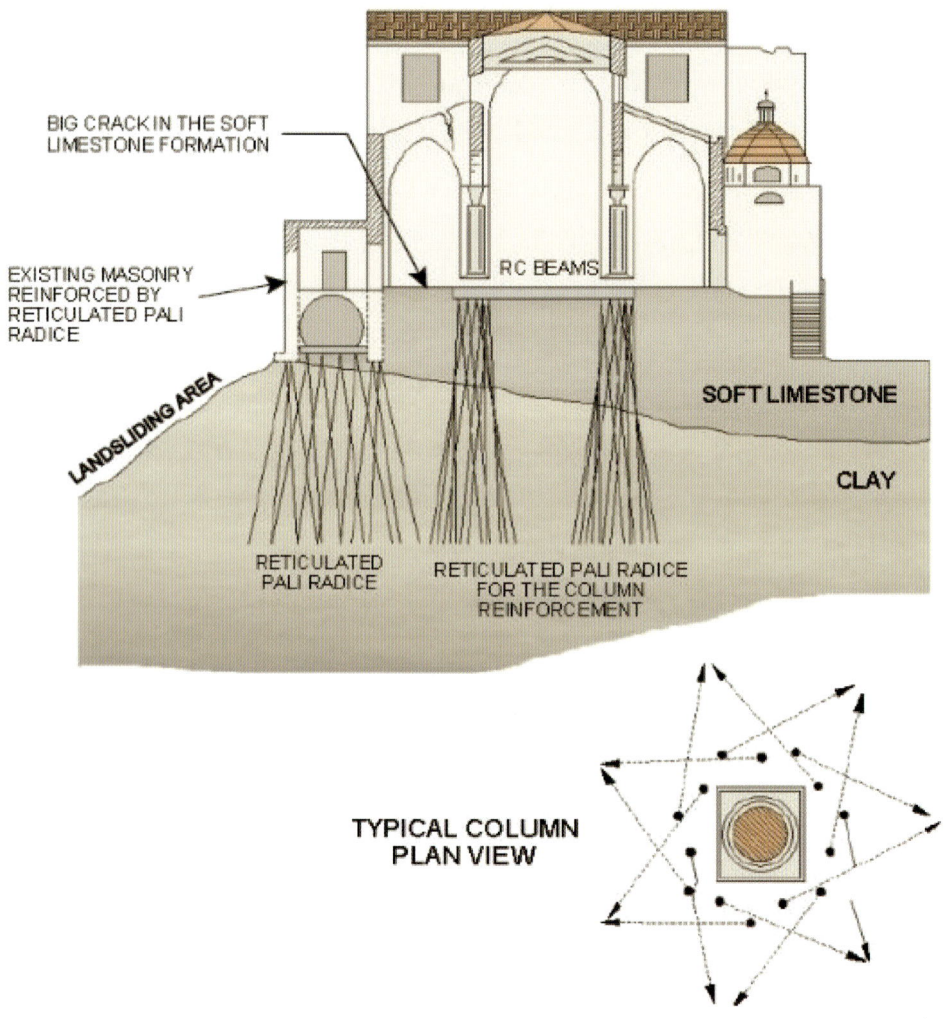

[그림 2.13] 전형적인 그물식 소구경말뚝(FHWA.2005)

다. 지반 보강형 병용기초(Piled Raft Foundation)

기초 지반의 조건이 직접기초로 하기에는 부족하나 어느 정도는 양호한 지반(N=20이상)인 경우에 지반자체의 지내력이 있는 경우 말뚝기초 + 직접기초를 병용하여 적용하는 공법이다. 병용기초의 전제조건은 필수적으로 원지반 기초 지반이 양호한 것이기 때문에, 연약지반인 지반에서는 절대로 적용해서는 안 된다. 예를 들면 건물의 소요 지내력이 300kPa인데, 기초지반 지내력이 200~250kPa인 경우에 모든 하중을 말뚝 기초로 설계하는 것은 과도한 설계가 되는 경우이다.

Katzenbach & Reul(1997)은 복합구조체로서의 말뚝지지 전면기초의 구조를 [그림 2.14]와 같이 설명하였으며, 기초에 작용하는 하중을 전달하는 식을 다음과 같이 제시하였다.

$$R_{tot} = R_{raft} + \sum R_{pile}$$

여기서, R_{tot} : 구조물에 하중 전체 반력

R_{raft} : raft가 부담하는 지지력

$\sum R_{pile}$: 말뚝이 분담하는 총 지지력

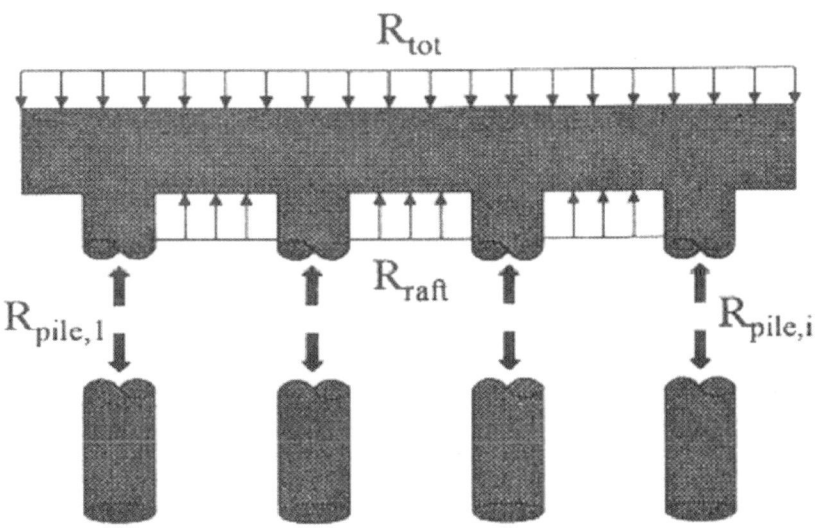

[그림 2.14] 복합구조체로서의 말뚝지지 전면기초, Katzenbach & Reul, 1997

다음은 $\alpha_{pr} = \Sigma R_{pile}/R_{tot}$의 값이며, 이 값에 따라 침하량과의 관계를 보인 것이다. 말뚝이 없는 상태에서의 침하를 기준으로 말뚝의 비율에 따라 침하량이 감소한다. 이 관계를 이용하는 경우 설계 범위를 찾을 수 있으며, 가장 합리적인 설계 범위는 0.4~0.7로 하는 것이 합리적이라 판단된다.

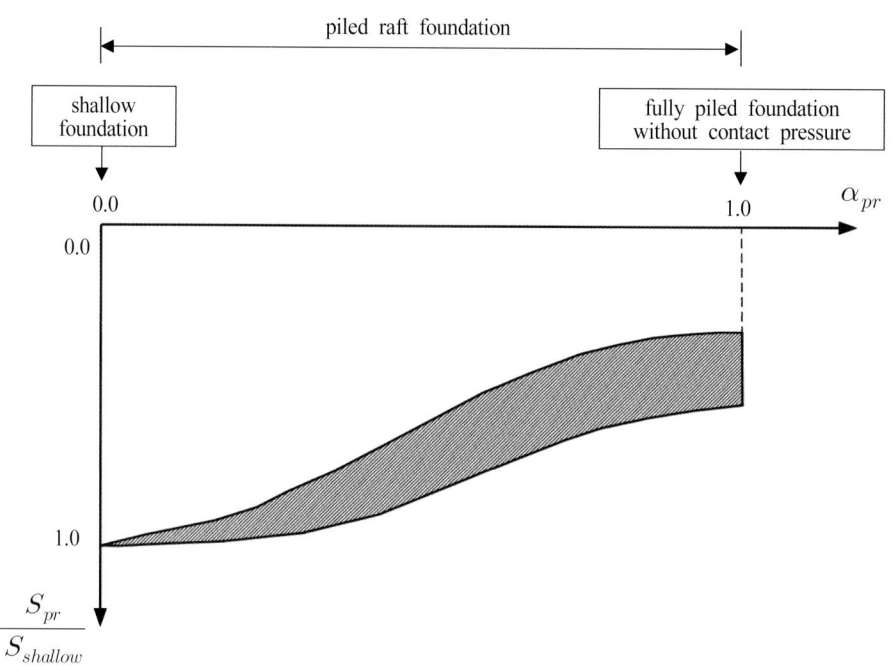

[그림 2.15] 말뚝지지 전면기초 α_{pr}와 침하량과의 관계, Katzenbach & Reul, 1998

병용기초 설계 시에는 직접 기초와 말뚝기초에 대한 검토를 동시에 수행하여야 한다. 상호 분담비를 추정하여 말뚝 자체의 안정성도 충분히 검토되어야 한다. 말뚝이 암반이 지지되는 경우는 말뚝 강성에 따라 비율이 변경될 수 있다.

라. 말뚝 하중에 따른 종류

일반적으로 말뚝은 주로 축력만을 받을 수 있으나, 휨모멘트를 받을 수 있도록 설계하면 기초의 지지력과 변위 및 회전에 대한 저항이 커져 경제적이다. 말뚝 하중에 따라 [그림 2.16]과 같이 다양한 말뚝을 적용할 수 있다.

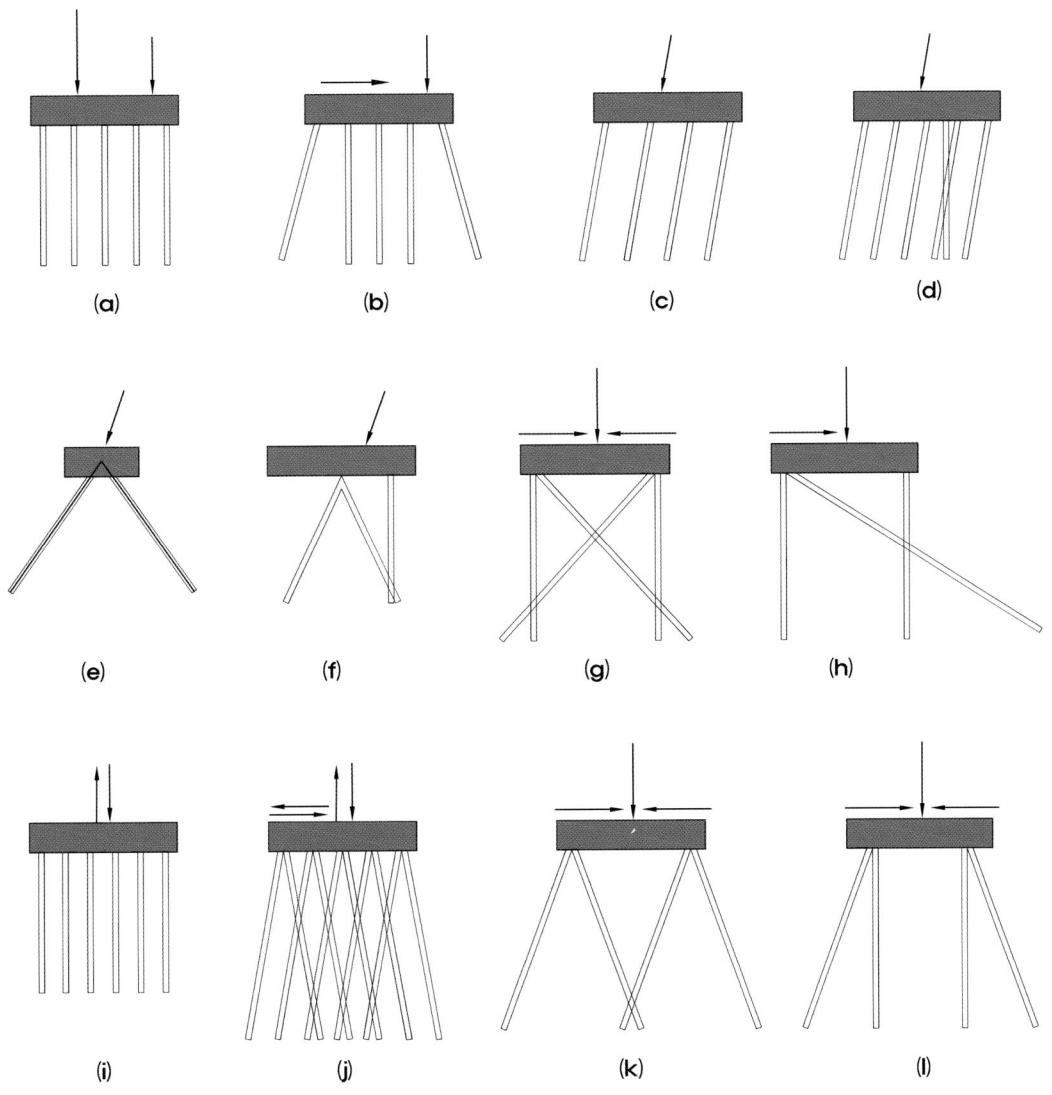

(a) 수평하중 없이 연직하중만 작용
(b) 큰 수평하중 + 연직하중
(c) 일정한 경사하중을 받는 경우(아치교 기초, 옹벽기초 등)
(d) (c)와 같은 하중을 받으며 때때로 큰 수평하중을 받는 경우
(e) 일정하게 지속되는 경사하중
(f) 변화경사하중
(g) (f)와 같은 경우
(h) (f)와 같으나 한방향으로 큰 수평하중 작용
(i) 큰 인장압축재하
(j) 지진등 큰 변화하중
(k) (f)와 같음 (l) (f)와 같음

[그림 2.16] 하중에 따른 말뚝 시스템(전문가를 위한 기초공학, 이상덕)

2.5 삼축내진말뚝

2.5.1 삼축내진말뚝 원리

　삼축내진말뚝은 [그림 2.17]과 같이 삼축으로 구성되는 트러스구조 형태이다. 지반에 설치하는 말뚝공법으로 수평력을 확실하게 제어할 수 있는 내진말뚝으로 특화되어 있으며, 상부하중에 대한 말뚝지지 효과가 크고, 지반의 변형비가 병용기초로 활용이 높은 구조이다. 또한, 소규모 주택과 중규모 주택에 소형장비를 이용한 시공성이 높아 적용성이 높다.

　지진 발생시 대부분의 피해는 기초의 지내력 부족 또는 말뚝에 상부에 작용하는 수평력으로 인하여 말뚝 손상에 의한 것이 대부분이다. 삼축내진말뚝은 직접기초에서 지내력이 부족한 경우와 말뚝기초에 수평력이 부족한 경우 안정성을 확보하도록 하는 공법이다(특허 제10-2014125호, 3축 내진 말뚝 구조 및 공법).

[그림 2.17] 삼축내진말뚝

2.5.2 삼축내진말뚝 공법 특징

　지진하중은 지진 발원 및 전파의 불규칙성을 고려할 때, 상시 하중과 같이 하중에 저항하는 주축 방향을 특정할 수 없으며, 삼축내진말뚝 공법은 [그림 2.18]에서와 같이 말뚝에 3축 방향 구조를 도입해 모든 방향에서 동일하게 수평방향 하중에 저항하는 성능을 확보하여 내진성능이 우수한 공법이다. 소규모 장비를 이용하여 소규모 건축 현장에서도 시공이 가능하기 때문에 기존의 대형·대규모 내진말뚝이 적용이 불가능한 건축물 및 기존 건축물 지하층의 협소한 공간에서도 시공할 수 있어 다양한 성격의 건축물 내진성능확보에 활용성이 크다.

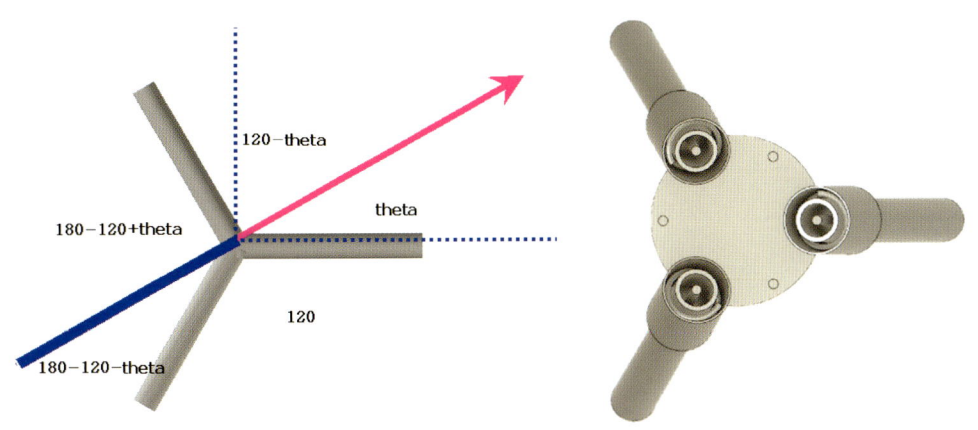

[그림 2.18] 3축 구조 및 평면

병용기초 적용에 최적화된 강성을 가지고 있으며, 대구경 말뚝인 경우는 말뚝 강성이 압축강성이 크게 되어 $\alpha_{pr} = \sum R_{pile}/R_{tot}$의 비율이 말뚝에 전달되는 비율이 높아 현실적으로는 말뚝이 기초 대부분의 하중을 차지하게 되지만, 삼축내진말뚝은 소구경 말뚝의 두부를 고정하여 3축 트러스 구조형태가 되기 때문에 좌굴의 문제가 발생되지 않고, 소구경으로 말뚝의 압축강성과 기초지반의 압축강성과 거동이 병용될 수 있는 황금비율로 설계가 가능하다.

대구경 말뚝은 압축강성이 크기 때문에 기초 지반에 하중전달이 되지 않아 병용기초로 설계하기에는 적합하지 않지만, 소구경 말뚝에서는 말뚝의 압축강성과 지반의 압축강성비가 비슷하여 일정한 비율을 가지게 된다.

다음은 재료에 대한 압축강성비를 표시한 것이다.

$$k_{PHC} = \frac{EA}{L} = \frac{38000 \times 0.1055}{6} = 668.167 (MN/m)$$ (D500mm, t=80mm, A=0.1055mm²)

$$k_{mp} = \frac{EA}{L} = \frac{210000 \times 0.002969}{6} = 103.908 (MN/m)$$ (D114mm, t=9mm, A=0.00297mm²)

$$K_s = q_a/\delta = 15 \sim 35 \text{ M/m}^3 \text{ (지반반력계수)}$$

말뚝 간격이 3.0m×3.0m인 경우 지반의 말뚝 한본에 작용하는 지반 스프링은 다음과 같다.

$$k_s = K_s A = 35 \times 9 = 315 \text{ (MN/m)}$$ 와 $3k_{mp}$=312 (MN/m)로 일체화된 거동을 할 수 있다.

2.5.3 삼축내진말뚝 공법 시공순서

삼축내진말뚝 시공순서는 [표 2.3]과 같으며, 시공이 단순하고 현장 적용성이 높다.

[표 2.3] 삼축내진말뚝 시공순서

① 기초 터파기	② 가이드 설치

③ 말뚝 시공을 위한 천공	④ 말뚝 설치 및 고정

⑤ 삼축내진말뚝 그라우트 및 양생	⑥ 기초철근 배근

2.5.4 삼축내진말뚝 공법 적용범위

　삼축내진말뚝은 직접기초에 적용하여 지지력 및 내진에 대한 보강이 가능하며, 연약지반에서도 보강이 가능하다. 도심지에서 건축물과 건축물이 인접되어 있어, 건축물간 간격이 좁은 지역에서의 진폭이 큰 경우 흔들림과 기울어짐의 감소로 인하여 피해가 감소될 것이며, 인접 굴착에 의한 침하 발생 문제도 해결될 수 있다.

　또한, 경사지역의 집중강우시 산사태 방지용으로도 적용할 수 있다.

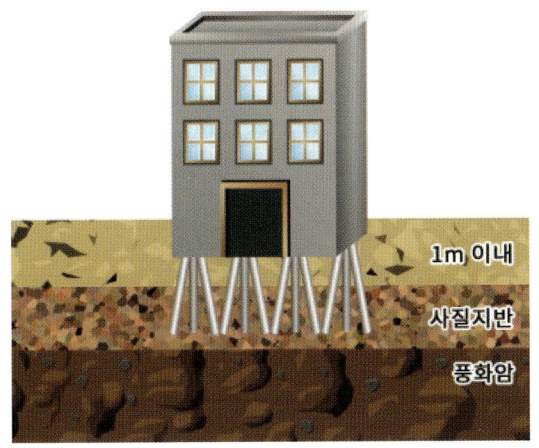

[그림 2.19] 직접기초 내진보강시

[그림 2.20] 연약지반 말뚝 내진보강시

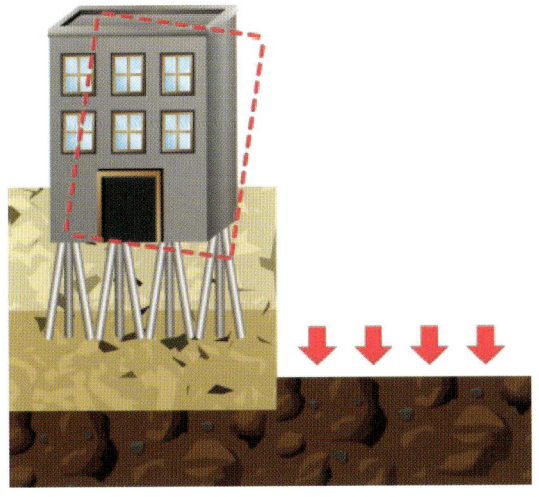

[그림 2.21] 인접굴착 시 기울어짐 보강시

[그림 2.22] 집중강우시 산사태 방지용

2.5.5 삼축내진말뚝 내진성능 평가

삼축내진말뚝 현장 품질시험(수직재하시험 및 수평재하시험)을 통한 지진시 발생되는 예상하중에 내진 수평 저항성능을 확인하였다.

① 직 경 : 89.1mm, t=6.0mm, 삼축내진말뚝 L: 6.0m
② 지지층 : 풍화토 3.0m

No.	시험방법	말뚝 직경 (mm)	설계 하중 (kN)	최대 시험하중 (kN)	최대 변위량 (mm)	잔류 변위량 (mm)	전변위량 기준 (mm)	순변위량 기준 (mm)	안전율	허용 하중 (kN)	판정
Test-1	급속 수평재하시험 (3축 내진말뚝)	267.0 (89.0/1본)	30.00	90.00	5.36	1.09	26.70	6.70	2.0	45.00	O.K
Test-2		267.0 (89.0/1본)	30.00	90.00	7.01	0.50	26.70	6.70	2.0	45.00	O.K
Test-3		267.0 (89.0/1본)	30.00	90.00	7.20	1.19	26.70	6.70	2.0	45.00	O.K
Test-4		267.0 (89.0/1본)	30.00	90.00	7.79	1.11	26.70	6.70	2.0	45.00	O.K
Test-5		267.0 (89.0/1본)	30.00	90.00	5.07	0.63	26.70	6.70	2.0	45.00	O.K
Test-6		267.0 (89.0/1본)	30.00	90.00	5.92	0.82	26.70	6.70	2.0	45.00	O.K
Test-7	급속 수평재하시험 (단본 말뚝)	89.0	30.00	15.00	16.20	-	8.90	2.23	2.0	7.50	N.G
Test-8	급속 정재하시험 (3축 내진말뚝)	267.0 (89.0/1본)	300.00	900.00	6.10	2.47	26.70	6.70	2.0	450.00	O.K

[그림 2.23] 품질시험 결과

제 3 장 건축물 기초 설계 및 설계법

3.1 **직접기초 설계법**

3.2 **건축물 말뚝기초**

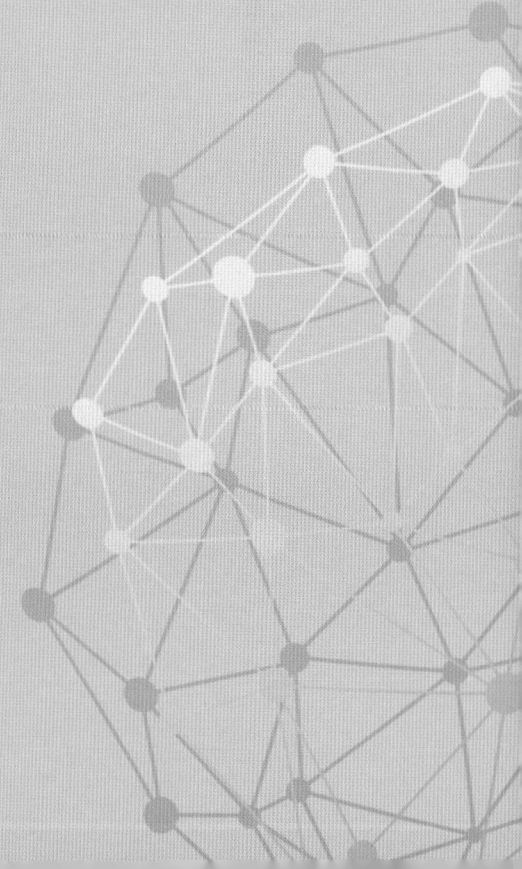

제 3 장 건축물 기초 설계 기준 및 설계법

3.1 직접기초 설계법

3.1.1 지진시 건축물에 작용하는 하중

소규모 주택인 경우 구조계산을 하지 않는 경우가 있으며, 이 경우에도 건축물의 부등침하나 기초의 지지력은 상시와 지진시 모두 검토하여야 한다. 지진시에는 수평하중이 건축물하중의 10%가량 작용하기 때문에 수평력에 대한 활동, 전도, 편심하중에 대한 부등침하 등이 검토되어야 한다.

그림과 같은 건축물의 설계조건은 다음과 같다.

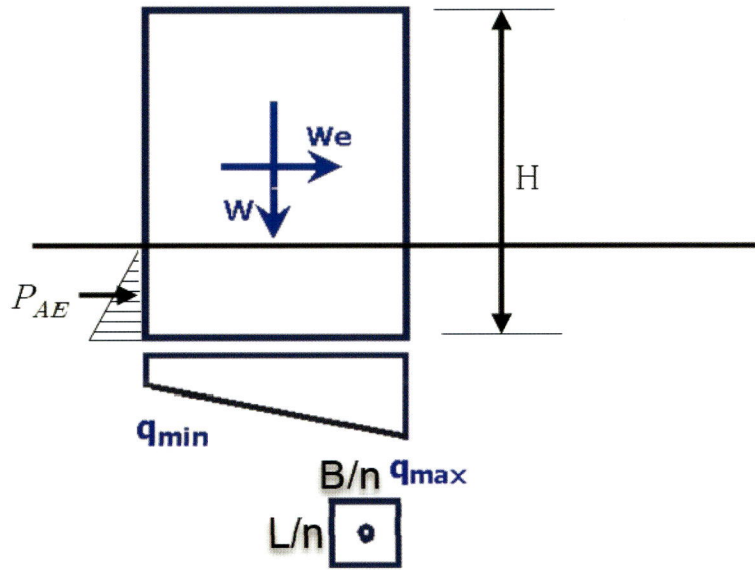

- 건축물 총하중 : W
- 건축물 지진시 밑면 전단력 : W_e
- 건축물의 높이 : H
- 건축물의 장축 폭 : B
- 건축물의 단축 폭 : L

3.1.2 직접기초에 대한 내진설계

1) 건축물 총하중

  ① 건축구조계산서가 있는 경우 : 계산서 참조

  ② 건축구조계산서가 없는 경우 : 건축면적당 건물하중 15.0kN/m² 적용

$$W = 15.0 \times A_B$$

  여기서, A_B : 건축면적

2) 지진시 지진조건

  ① 건축구조계산서가 있는 경우 : 계산서 참조

  ② 건축구조계산서가 없는 경우

  - 내진등급 : I

  - 중요도계수 : I_e = 2~4층 1.0, 5층이상 1.2

  - 기본설계지진 : 응답스펙트럼가속도 최대지진의 2/3

  - 재현주기 : 2400년

  - 성능수준 : 붕괴방지

  - 지도를 이용하는 방법(지동에서 지역 위치)

  - 지진구역 및 지진구역계수를 이용하는 방법

3) 지반종류 및 지반등급

  ① 지반조사를 수행한 경우 : 지반조사 산정치를 적용

  ② 지반조사를 수행하지 않은 경우 : S_4

[표 3.1] 지반의 분류

지반종류	지반종류의 호칭	분류기준	
		기반암 깊이 H(m)	토층평균전단파속도 Vs,soil (m/s)
S_1	암반 지반	1 미만	-
S_2	얕고 단단한 지반	1~20 이하	260 이상
S_3	얕고 연약한 지반		260 미만
S_4	깊고 단단한 지반	20 초과	180 이상
S_5	깊고 연약한 지반		180 미만
S_6	부지 고유의 특성평가 및 지반응답해석이 필요한 지반		

4) 건축물 지진시 밑면 전단력

① 건축구조계산서가 있는 경우 : 계산서 참조

② 건축구조계산서가 없는 경우 : 지진시 건축물의 밑면 전단력은 지진시 발생되는 수평가속도 증가에 따른 건축물의 중력에 의한 수평가속력에 의한 증가의 힘.

▶ KDS 41 17 00 : 2019 건축물 기초구조 설계기준

7.2 등가정적해석법

7.2.1 밑면전단력

밑면전단력 V는 식 (7.2-1)에 따라 구한다.

$$V = C_s W \quad (7.2\text{-}1)$$

여기서, C_s : 식 (7.2-2)에 따라 산정한 지진응답계수
W : 고정하중과 아래에 기술한 하중을 포함한 유효 건물 중량

5) 지진응답계수

▶ KDS 41 17 00 : 2019 건축물 기초구조 설계기준

7.2 등가정적해석법

7.2.2 지진응답계수

지진응답계수 C_s는 식 (7.2-2)에 따라 구한다.

$$C_s = \frac{S_{DS}}{\left[\dfrac{R}{I_E}\right]} \qquad (7.2\text{-}2)$$

식 (7.2-2)에 따라 산정한 지진응답계수 C_s는 다음 값을 초과하지 않아도 된다.

$T \leq T_L$:
$$C_s = \frac{S_{D1}}{\left[\dfrac{R}{I_E}\right]T} \qquad (7.2\text{-}3)$$

$T > T_L$:
$$C_s = \frac{S_{D1}T_L}{\left[\dfrac{R}{I_E}\right]T^2} \qquad (7.2\text{-}4)$$

그러나 지진응답계수 C_s는 다음 값 이상이어야 한다.

$$C_s = 0.044\,S_{DS}I_E \geq 0.01 \qquad (7.2\text{-}5)$$

여기서, I_E : 표 2.2-1에 따라 결정된 건축물의 중요도계수
R : 표 6.2-1에 따라 결정한 반응수정계수
S_{DS} : 4.2에 따른 단주기 설계스펙트럼가속도
S_{D1} : 4.2에 따라 결정한 주기 1초에서의 설계스펙트럼가속도
T : 7.2.3에 따라 산정한 건축물의 고유주기(초)
T_L : 5초

6) 설계스펙트럼 가속도

▶ KDS 41 17 00 : 2019 건축물 기초구조 설계기준

4.2 설계응답스펙트럼

4.2.2 단주기와 1초주기 설계스펙트럼가속도

(1) 단주기와 주기 1초의 설계스펙트럼가속도 S_{DS}, S_{D1}은 식 (4.2-4), (4.2-5)에 의하여 산정한다.

$$S_{DS} = S \times 2.5 \times F_a \times 2/3 \quad (4.2\text{-}4)$$

$$S_{D1} = S \times F_v \times 2/3 \quad (4.2\text{-}5)$$

여기서, F_a와 F_v는 각각 표 4.2-1과 표 4.2-2에 규정된 지반증폭계수이다.

(2) 기반암의 깊이가 20 m를 초과하고 지반의 평균 전단파속도가 360 m/s 이상인 경우, 표 4.2-2에 규정된 F_v의 80%를 적용한다.

(3) 지반분류가 S_5 이고 기반암의 깊이가 불분명한 경우, 표 4.2-1과 표 4.2-2에 규정된 F_a와 F_v의 110%를 적용한다.

표 4.2-1 단주기지반증폭계수, F_a

지반종류	지진지역		
	s≤0.1	s=0.2	s=0.3
S_1	1.12	1.12	1.12
S_2	1.4	1.4	1.3
S_3	17	1.5	1.3
S_4	1.6	1.4	1.2
S_5	1.8	1.3	1.3

* s는 설계스펙트럼 가속도 산정식 (4.2-1)에 적용된 값이다. 위 표에서 s의 중간값에 대하여는 직선보간한다.

표 4.2-2 1초주기 지반증폭계수, F_v

지반종류	지진지역		
	s≤0.1	s=0.2	s=0.3
S_1	0.84	0.84	0.84
S_2	1.5	1.4	1.3
S_3	1.7	1.6	1.5
S_4	2.2	2.0	1.8
S_5	3.0	2.7	2.4

* s는 설계스펙트럼 가속도 산정식 (4.2-1)에 적용된 값이다. 위 표에서 s의 중간값에 대하여는 직선보간한다.

7) 설계스펙트럼 가속도

▶ KDS 41 17 00 : 2019 건축물 기초구조 설계기준

> 4.2 설계응답스펙트럼
>
> 4.2.3 지반증폭계수
>
>   단주기 지반증폭계수 F_a와 1초 주기 지반증폭계수 F_v는 각각 표 4.2-1과 표 4.2-2에 따른다.
>
> (1) 지하층 및 지상층 건물의 설계에는 단일값의 대표지반증폭계수를 사용해야 하며, 이때 대표지반증폭계수는 각 지반조사 위치에서 결정된 값의 평균값으로 정하거나, 설계상에 가장 불리한 값으로 정한다. 하나의 지하층 구조로 연결된 복수의 지상층 건물의 설계에도 단일값의 대표지반증폭계수를 사용한다.
>
> (2) 건물이 급격한 경사지에 건설되는 경우 대표지반증폭계수는 각 지반조사위치에서 결정된 값 중에서 설계상에 가장 불리한 값으로 정한다.
>
> (3) F_a와 F_v값을 부지고유의 지진응답해석을 수행하여 결정할 수 있다. 이 경우 부지고유응답해석으로 산정한 설계스펙트럼가속도 S_{DS}와 S_{D1}는 지진구역계수(Z)와 2400년 재현주기에 해당하는 위험도계수(I) 2.0을 곱한 값에 표 4.2-1, 표 4.2-2, 4.2.2의 (2)항에 제시된 해당지반의 증폭계수를 적용하여 구한 값의 80% 이상이어야 한다.

8) 지하구조의 영향

▶ KDS 41 17 00 : 2019 건축물 기초구조 설계기준

> 4.2 설계응답스펙트럼
>
> 4.2.4 지하구조의 영향을 고려한 지반증폭계수의 보정
>
>   지하구조물이 14장 지하구조물의 내진설계에 따라 지진토압에 대하여 안전하게 설계되어 있는 것으로 판단되는 경우, 기초저면 지반종류가 S_1 혹은 S_2이고 지진토압과 지진하중이 기초저면의 지반에 직접 전달될 수 있도록 기초저면이 지반에 견고히 정착되어 있다면, 지하구조강성에 대한 지표면 운동의 강도를 반영하여 지진시 지반운동에 의한 지표면의 변위와 지진토압에 의한 지하구조물의 변위의 비율에 따라 지상구조에 적용되는 지반증폭계수를 조정할 수 있다

9) 유효 지반가속도

▶ KDS 41 17 00 : 2019 건축물 기초구조 설계기준

3.1 지진구역 및 지진구역계수
(1) 우리나라 지진구역 및 이에 따른 지진구역계수(Z)는 각각 KDS 17 10 00의 표 4.2-1과 표 4.2-2를 따른다.

① 지진구역은 다음 표 4.2-1과 같다

표 4.2-1 지진구역(KDS 17 10 00)

지진구역		행정구역
Ⅰ	시	서울, 인천, 대전, 부산, 대구, 울산, 광주, 세종
	도	경기, 충북, 충남, 경북, 경남, 전북, 전남, 강원 남부[1]
Ⅱ	도	강원 북부[2], 제주

1 강원 남부(군, 시) : 영월, 정선, 삼척, 강릉, 동해, 원주, 태백
2 강원 북부(군, 시) : 홍천, 철원, 화천, 횡성, 평창, 양구, 인제, 고성, 양양, 춘천, 속초

② 지진구역계수 Z는 표 4.2-2와 같다.

표 4.2-2 지진구역계수(평균재현주기 500년에 해당, KDS 17 10 00)

지진구역	Ⅰ	Ⅱ
지진구역계수, Z	0.11	0.07

③ 평균재현주기별 위험계수 I는 표 4.2-3과 같다.

표 4.2-3 위험도계수(KDS 17 10 00)

평균재현주기(년)	50	100	200	500	1,000	2,400	4,800
위험도계수, I	0.40	0.57	0.73	1	1.4	2.0	2.6

예) Ⅰ구역, 2,400년빈도 : 0.11×2.0 = 0.22

3.2 유효지반가속도
(1) 설계스펙트럼가속도 산정을 위한 유효지반가속도(S)는 지진구역계수(Z)에 KDS 17 10 00의 표 4.2-3에 제시된 2400년 재현주기에 해당하는 위험도계수(I) 2.0을 곱한 값으로 하거나 그림 3.2-1 국가지진위험지도로부터 구할 수 있다. 단, 국가지진위험지도를 이용하여 결정한 S는 지진구역계수에 위험도계수를 곱하여 구한 S값의 80%보다 작지 않아야 한다.

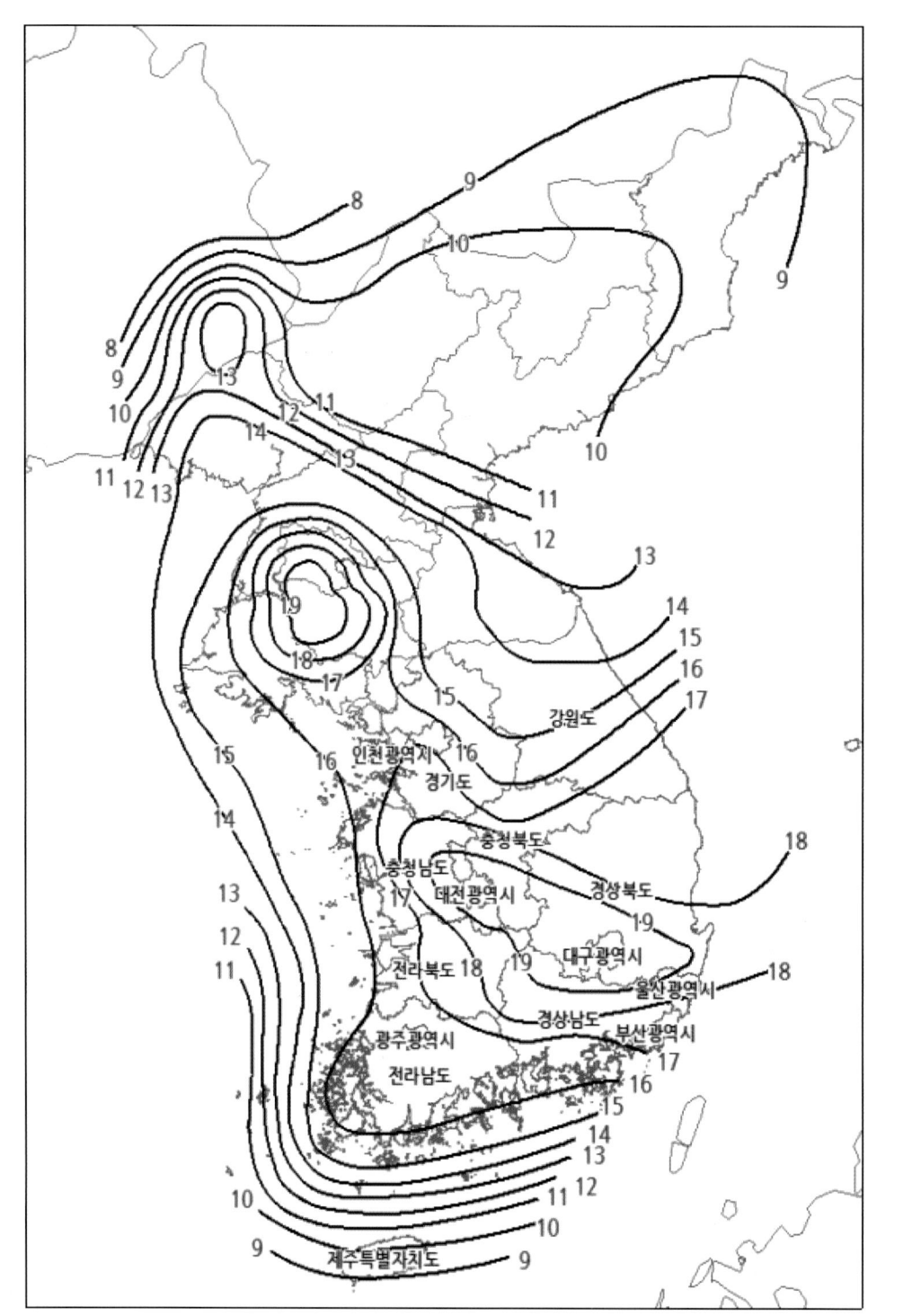

[그림 3.1] 국가지진위험지도, 재현주기 2400년 최대고려지진의 유효지반가속도(S)%(소방방재청, 2013)

10) 지진력 저항시스템 설계지수

▶ KDS 41 17 00 : 2019 건축물 기초구조 설계기준

표 6.2-1 지진력저항시스템에 대한 설계계수

기본 지진력저항시스템[1]	설계계수			시스템의 제한과 높이(m) 제한		
	반응수정 계수 R	시스템 초과강도 계수 Ω_0	변위증폭 계수 C_d	내진설계 범주 A 또는 B	내진설계 범주 C	내진설계 범주 D
1. 내력벽시스템						
1 - a. 철근콘크리트 특수전단벽	5	2.5	5	-	-	-
1 - b. 철근콘크리트 보통전단벽	4	2.5	4	-	-	60
1 - c. 철근보강 조적 전단벽	2.5	2.5	1.5	-	60	불가
1 - d. 무보강 조적 전단벽	1.5	2.5	1.5	-	불가	불가
1 - e. 구조용 목재패널을 덧댄 경골목 구조 전단벽	6	3	4	-	20	20
1 - f. 구조용 목재패널 또는 강판시트를 덧댄 경량철골조 전단벽	6	3	4	-	20	20
2. 건물골조시스템						
2 - a. 철골 편심가새골조 (링크 타단 모멘트 저항 접합)	8	2	4	-	-	-
2 - b. 철골 편심가새골조 (링크 타단 비모멘트 저항접합)	7	2	4	-	-	-
2 - c. 철골 특수중심가새골조	6	2	5	-	-	-
2 - d. 철골 보통중심가새골조	3.25	2	3.25	-	-	-
2 - e. 합성 편심가새골조	8	2	4	-	-	-
2 - f. 합성 특수중심가새골조	5	2	4.5	-	-	-
2 - g. 합성 보통중심가새골조	3	2	3	-	-	-
2 - h. 합성 강판전단벽	6.5	2.5	5.5	-	-	-
2 - i. 합성 특수전단벽	6	2.5	5	-	-	-
2 - j. 합성 보통전단벽	5	2.5	4.5	-	-	60
2 - k. 철골 특수강판전단벽	7	2	6	-	-	-
2 - l. 철골 좌굴방지가새골조 (모멘트 저항 접합)	8	2.5	5	-	-	-
2 - m. 철골 좌굴방지가새골조 (비모멘트 저항 접합)	7	2	5.5	-	-	-
2 - n. 철근콘크리트 특수전단벽	6	2.5	5	-	-	-
2 - o. 철근콘크리트 보통전단벽	5	2.5	4.5	-	-	60
2 - p. 철근보강 조적 전단벽	3	2.5	2	-	60	불가
2 - q. 무보강 조적 전단벽	1.5	2.5	1.5	-	불가	불가
2 - r. 구조용 목조패널을 덧댄 경골목구조 전단벽	6.5	2.5	4.5	-	20	20
2 - s. 구조용 목재패널 또는 강판시트를 덧댄 경량철골조 전단벽	6.5	2.5	4.5	-	20	20

3. 모멘트 - 저항골조 시스템						
3 - a. 철골 특수모멘트골조	8	3	5.5	-	-	-
3 - b. 철골 중간모멘트골조	4.5	3	4	-	-	-
3 - c. 철골 보통모멘트골조	3.5	3	3	-	-	-
3 - d. 합성 특수모멘트골조	8	3	5.5	-	-	-
3 - e. 합성 중간모멘트골조	5	3	4.5	-	-	-
3 - f. 합성 보통모멘트골조	3	3	2.5	-	-	-
3 - g. 합성 반강접모멘트골조	6	3	5.5	-	-	-
3 - h. 철근콘크리트 특수모멘트골조	8	3	5.5	-	-	-
3 - i. 철근콘크리트 중간모멘트골조	5	3	4.5	-	-	-
3 - j. 철근콘크리트 보통모멘트골조	3	3	2.5	-	-	30
4. 특수모멘트골조를 가진 이중골조시스템						
4 - a. 철골 편심가새골조	8	2.5	4	-	-	-
4 - b. 철골 특수중심가새골조	7	2.5	5.5	-	-	-
4 - c. 합성 편심가새골조	8	2.5	4	-	-	-
4 - d. 합성 특수중심가새골조	6	2.5	5	-	-	-
4 - e. 합성 강판전단벽	7.5	2.5	6	-	-	-
4 - f. 합성 특수전단벽	7	2.5	6	-	-	-
4 - g. 합성 보통전단벽	6	2.5	5	-	-	-
4 - h. 철골 좌굴방지가새골조	8	2.5	5	-	-	-
4 - i. 철골 특수강판전단벽	8	2.5	6.5	-	-	-
4 - j. 철근콘크리트 특수전단벽	7	2.5	5.5	-	-	-
4 - k. 철근콘크리트 보통전단벽	6	2.5	5	-	-	-
5. 중간모멘트골조를 가진 이중골조시스템						
5 - a. 철골 특수중심가새골조	6	2.5	5	-	-	-
5 - b. 철근콘크리트 특수전단벽	6.5	2.5	5	-	-	-
5 - c. 철근콘크리트 보통전단벽	5.5	2.5	4.5	-	-	60
5 - d. 합성 특수중심가새골조	5.5	2.5	4.5	-	-	-
5 - e. 합성 보통중심가새골조	3.5	2.5	3	-	-	-
5 - f. 합성 보통전단벽	5	3	4.5	-	-	60
5 - g 철근보강 조적 전단벽	3	3	2.5	-	60	불가
6. 역추형 시스템						
6 - a. 캔틸레버 기둥 시스템	2.5	2.0	2.5	-	-	10
6 - b. 철골 특수모멘트골조	2.5	2.0	2.5	-	-	-
6 - c. 철골 보통모멘트골조	1.25	2.0	2.5	-	-	불가
6 - d. 철근콘크리트 특수모멘트골조	2.5	2.0	1.25	-	-	-
7. 철근콘크리트 보통 전단벽 - 골조 상호작용 시스템	4.5	2.5	4	-	-	60
8. 6의 역추형 시스템에 속하지 않으면서 강구조기준의 일반규정만을 만족하는 철골구조시스템	3	3	3	-	-	60
9. 6의 역추형시스템에 속하지 않으면서 철근콘크리트구조기준의 일반규정만을 만족하는 철근콘크리트구조 시스템	3	3	3	-	-	30
10. 지하외벽으로 둘러싸인 지하구조시스템	3	3	2.5			
1) 시스템별 상세는 각 재료별 설계기준 및 또는 신뢰성 있는 연구기관에서 실시한 실험, 해석 등의 입증자료를 따른다.						

11) 내진등급과 중요도 계수

▶ KDS 41 17 00 : 2019 건축물 기초구조 설계기준

---

2. 내진등급 및 성능목표

2.2 건축물의 내진등급과 중요도계수

(1) KDS 41 10 05(3.)에서 정의된 건물의 중요도를 고려하여 표 2.2-1에 따라 건물의 내진등급과 내진설계 중요도계수 I_E 를 결정한다.

(2) 2개 이상의 건물에 공유된 부분 또는 하나의 구조물이 동일한 중요도에 속하지 않는 2개 이상의 용도로 사용되는 경우에는 가장 높은 중요도를 적용해야 한다.

(3) 건축물이 구조적으로 분리된 2개 이상의 부분으로 구성된 경우에는 각 부분을 독립적으로 분류하여 설계할 수 있다. 다만, 한 구조물에서 구조적으로 분리된 부분이 더 높은 중요도를 가진 다른 부분에 대해 그 중요도에 부합하는 사용을 위해서 필수 불가결한 접근로나 탈출로를 제공하거나 인명안전 또는 기능수행 관련 요소를 공유할 경우에는 양쪽 부분 모두 높은 중요도를 적용하여야 한다.

표 2.2-1 내진등급과 중요도계수

건축물의 중요도[1]	내진등급	내진설계 중요도계수(I_E)
중요도(특)	특	1.5
중요도(1)	I	1.2
중요도(2), (3)	II	1.0

1) KDS 41 10 05(3.)에 따름

▶ KDS 41 10 05 : 2019 건축물 기초구조 설계기준(계속)

---

3. 건축물의 중요도분류

3.1 중요도(특)

(1) 연면적 1,000 m^2 이상인 위험물 저장 및 처리시설

(2) 연면적 1,000 m^2 이상인 국가 또는 지방자치단체의 청사·외국공관·소방서·발전소·방송국·전신전화국

(3) 종합병원, 수술시설이나 응급시설이 있는 병원

(4) 지진과 태풍 또는 다른 비상시의 긴급대피수용시설로 지정한 건축물

▶ KDS 41 10 05 : 2019 건축물 기초구조 설계기준

3.2 중요도(1)

(1) 연면적 1,000 m² 미만인 위험물 저장 및 처리시설

(2) 연면적 1,000 m² 미만인 국가 또는 지방자치단체의 청사·외국공관·소방서·발전소·방송국·전신전화국

(3) 연면적 5,000 m² 이상인 공연장·집회장·관람장·전시장·운동시설·판매시설·운수시설(화물터미널과 집배송시설은 제외함)

(4) 아동관련시설·노인복지시설·사회복지시설·근로복지시설

(5) 5층 이상인 숙박시설·오피스텔·기숙사·아파트

(6) 학교

(7) 수술시설과 응급시설 모두 없는 병원, 기타 연면적 1,000 m² 이상인 의료시설로서 중요도(특)에 해당하지 않는 건축물

3.3 중요도(2)

(1) 중요도(특), (1), (3)에 해당하지 않는 건축물

3.4 중요도(3)

(1) 농업시설물, 소규모창고

(2) 가설구조물

12) 지하층 지진력

▶ KDS 41 17 00 : 2019 건축물 기초구조 설계기준(계속)

14. 지하구조물의 내진설계

14.1 일반사항

이 절에서 내진설계 대상으로 정하는 지하구조물은 건축물로 분류된 구조물(단독 지하주차장, 지하역사, 지하도 상가 등)과 건축물의 지상층과 연결되어 있는 지하구조물(공동주택의 지하주차장 등)이다.

14.2 지하구조물의 중요도

지하구조물의 중요도는 용도 및 규모에 따라 KDS 41 10 05 건축구조기준 총칙의 3. 건축물의 중요도 분류를 따른다. 다만, 지하층이 있는 건축물에서 지하층이 지상층에 비하여 넓은 평면을 가지는 경우, 지상층으로부터 전달되는 하중을 부담하는 영역 및 주요한 횡력(토압, 수압 등)을 지지하는 부재는 지상층의 중요도를 따르며, 그외 부분의 중요도는 지하층의 용도에 따라서 중요도계수를 다르게 적용할 수 있다.

▶ KDS 41 17 00 : 2019 건축물 기초구조 설계기준(계속)

14.3 지진력저항시스템

14.3.1 지상구조물의 지진력저항시스템

지하구조와 지상구조로 구성된 건축물에서 지상구조물의 지진력저항시스템은 지상구조물의 구조형식에 따라 표 6.2-1을 적용한다. 단, 표 6.2-1의 높이제한 규정 적용시 지하구조물의 높이는 삽입하지 않는다.

14.3.2 지하구조물의 지진력저항시스템

지하구조물은 콘크리트외벽으로 둘러싸여 있어서 큰 횡강성과 작은 연성능력을 가시고 있으므로 지하구조물 자체의 관성력에 의하여 발생하는 지진하중 산정 시 설계계수는 지상구조물의 설계계수와 별도로 표 6.2-1의 10에 따라 반응수정계수(R=3), 시스템초과강도계수($\Omega_0 = 3$), 변위증폭계수($C_d = 2.5$)를 적용한다.

14.3.3 지하구조물의 연성상세

지상구조와 연결되어 지상구조로부터 지진하중이 전달되는 지하구조물의 영역은 지상구조로부터 전달되는 지진하중을 전달할 수 있도록 안전하게 설계되어야 하며, 지상구조와 연결되는 부위는 지상구조와 동일한 연성등급의 상세를 사용하여 설계한다. 다만, 부재의 강도가 초과강도계수를 고려한 특별지진하중보다 큰 경우에는 연성상세를 사용할 필요는 없다.

14.4 지진하중과 하중조합

14.4.1 지진하중

(1) 지하구조물의 관성력에 의한 지진하중은 지상구조물과 동일한 방법으로 14.2의 중요도계수와 14.3.2의 설계계수를 적용하여 계산한다.

(2) 지진토압의 계산은 14.5에 따른다. 지진토압과 지진토압계수 산정 시 기본설계지진은 3.지진구역 및 지진구역계수에서 정의하는 2400년 재현주기 유효지반가속도(S)의 2/3값을 적용한다. 설계지진토압은 구해진 지진토압에 14.2의 중요도계수와 14.3.2의 반응수정계수를 적용하여 산정한다.

14.4.2 하중조합

하중조합은 KDS 41 10 15건축구조기준 설계하중의 1.5 하중조합을 따른다. 단, 정적토압의 하중계수는 H의 1.6 대신에 1.0을 사용한다. 지진하중 E는 지상구조물의 관성력에 의한 지진하중, 지하구조물의 관성력에 의한 지진하중, 설계지진토압(토사의 관성력에 의해 지하구조물에 작용하는 하중)을 포함한다.

14.4.3 정적토압과 설계지진토압의 조합

하중조합시 지하구조물의 한쪽면에 정적토압과 설계지진 토압의 합력이 작용하고 다른 쪽면에는 토압이 0인 경우와 두 면 모두에 합력이 작용하는 경우 모두를 고려해야 한다.

▶ KDS 41 17 00 : 2019 건축물 기초구조 설계기준(계속)

14.5 지진토압의 계산

14.5.1 지진토압산정의 기준면

지진토압은 지표면으로부터 기반암(지층의 전단파속도, V_S = 760m/s 이상)사이 토사의 운동을 고려하여 14.5.2에 따라 계산한다. 기반암은 지하구조물에 지진토압을 유발하지 않는 것으로 가정한다.

14.5.2 지진토압의 계산

(1) 일반적으로 지하구조물에 대한 지진해석 및 내진설계를 위한 지진토압은 응답변위법, 시간이력해석법을 이용하여 계산할 수 있다.

(2) 지표면으로부터 기반암까지 토사의 깊이가 15 m 이내이고, 지표면으로부터 지하구조물 기초의 저면까지의 깊이가 토사 깊이의 2/3 이하인 경우 지진토압은 (1)에서 기술된 두 가지 방법 이외에 추가로 등가정적법을 적용하여 구할 수 있다. 등가정적법에 의한 지진토압은 지표면에서 지하구조물 저면까지 깊이가 증가함에 따라 선형으로 증가하는 토압분포를 가지며 식 (14.5-1)~식 (14.5-3)으로 구한다.

$$P_{ae} = \frac{1}{2}\gamma H^2 K_{ae} \qquad (14.5\text{-}1)$$

$$K_{ae} = 0.75 \times EPGA_{ff} \qquad (14.5\text{-}2)$$

$$EPGA_{ff} = S \times F_a \times \frac{2}{3} \qquad (14.5\text{-}3)$$

여기서, P_{ae} : 등가정적법에 의한 지하구조물의 지하외벽에 작용하는 지진토압의 합력

γ : 지하외벽과 접하는 토사지반의 평균 단위중량

H : 지표면에서 지하외벽의 저면까지의 깊이

K_{ae} : 지진토압계수

$EPGA_{ff}$: 해당지반 지표면에서의 최대유효지반가속도

S : 3장에서 정하는 유효지반가속도

F_a : 표 4.2-1의 단주기 지반증폭계수

14.6 지하구조를 고려한 지진해석 및 내진설계 방법

(1) 지진하중과 설계지진토압에 대하여 지상구조와 지하구조가 안전하도록 설계해야 한다.

(2) 원칙적으로 구조물의 해석모델은 지상구조와 지하구조를 포함하고 기초면 하부가 고정된 해석모델을 사용한다. 부재력을 구하기 위한 해석모델에서 지표면으로부터 기반암 사이 토사에 접하는 지하구조의 측면에 어떠한 수평방향 구속조건도 적용하지 않아야 하나, 기반암에 접하는 지하구조의 측면에는 수평방향 구속조건을 적용할 수 있다. 지상구조의 지진하중과 주기를 계산하기 위한 해석모델에서는 지반에 의한 지하구조 측면의 구속효과를 고려해야 한다.

▶ KDS 41 17 00 : 2019 건축물 기초구조 설계기준(계속)

(3) 지하구조의 강성이 지상구조의 강성보다 매우 큰 경우, 지상구조와 지하구조를 분리하여 해석할 수 있다. 이때, 지상구조의 해석모델은 지표면에서 고정조건을 사용할 수 있다. 지하구조의 해석모델은 기초하부가 고정된 해석모델을 사용하며, 지상구조로부터 전달된 하중, 지하구조의 지진하중, 지진토압, 정적토압을 고려해야 한다.

(4) 말뚝기초를 포함한 모든 기초는 기초판저면의 밑면전단력이 지반에 안전하게 전달되도록 설계되어야 하며, 기초저면과 지반이 밀착되도록 시공되어야 한다.

(5) 지하구조물과 지반을 함께 모델링할 경우 지하구조물 측면의 토사와 기반암 상부에서 기초하부까지의 토사를 해석모델에 포함해야 한다.

(6) 지하구조에 대한 근사적인 설계방법으로, 설계지진토압을 포함하는 모든 횡하중을 횡하중에 평행한 외벽이 지지하도록 설계할 수 있다.

(7) 지하외벽은 직각방향으로 재하되는 설계지진토압에 대해서 안전하도록 설계해야 한다. 다만, 해당 영역의 손상이 중력하중과 횡하중에 대한 구조물 전체의 안전성과 인명피해에 영향을 주지 않는다면, 해당 벽체영역의 국부적인 파괴를 허용할 수 있다.

1.5 하중조합

1.5.1 강도설계법 또는 한계상태설계법의 하중조합

(1) 강도설계법 또는 한계상태설계법으로 구조물을 설계하는 경우에는 다음의 하중조합으로 소요강도를 구하여야 한다.

$$1.4(D+F) \qquad (1.5\text{-}1)$$

$$1.2(D+F+T)+1.6L+0.5(L_r \text{ 또는 } S \text{ 또는 } R) \qquad (1.5\text{-}2)$$

$$1.2D+1.6(L_r \text{ 또는 } S \text{ 또는 } R)+(1.0L \text{ 또는 } 0.65W) \qquad (1.5\text{-}3)$$

$$1.2D+1.3W+1.0L+0.5(L_r \text{ 또는 } S \text{ 또는 } R) \qquad (1.5\text{-}4)$$

$$1.2D+1.0E+1.0L+0.2S \qquad (1.5\text{-}5)$$

$$0.9D+1.3W \qquad (1.5\text{-}6)$$

$$0.9D+1.0E \qquad (1.5\text{-}7)$$

(2) 주차장과 공공집회 장소를 제외하고 기본등분포활하중이 5.0 kN/m² 이하인 용도에 대해서는 식 (1.5-3), 식 (1.5-4) 및 식 (1.5-5)에서 활하중 L에 대한 하중계수를 0.5로 감소할 수 있다.

▶ KDS 41 17 00 : 2019 건축물 기초구조 설계기준

(3) 지하수압·토압 또는 분말 및 입자형 재료의 횡압력에 의한 하중 H가 존재할 때는 다음의 하중계수를 적용하여 조합하여야한다.

① H가 단독으로 작용하거나 H의 하중효과가 다른 하중효과를 증대하는 경우에는 하중계수를 1.6으로 하여야 한다.

② H의 하중효과가 영구적이면서 다른 하중효과를 상쇄하는 경우에는 하중계수를 0.9로 하여야 한다.

③ H의 하중효과가 영구적이지 않으면서 다른 하중효과를 상쇄하는 경우에는 하중계수를 0으로 하여야 한다.

1.5.2 허용응력설계법의 하중조합

(1) 허용응력설계법으로 구조물을 설계하는 경우에는 다음의 하중조합으로 작용응력을 구하여야 한다.

$$D+F \quad (1.5\text{-}8)$$
$$D+F+L+T \quad (1.5\text{-}9)$$
$$D+F+(L_r \text{ 또는 } S \text{ 또는 } R) \quad (1.5\text{-}10)$$
$$D+F+0.75(L+T)+0.75(L_r \text{ 또는 } S \text{ 또는 } R) \quad (1.5\text{-}11)$$
$$D+F+(0.85W \text{ 또는 } 0.7E) \quad (1.5\text{-}12)$$
$$D+F+0.75(0.85W \text{ 또는 } 0.7E)+0.75L+0.75(L_r \text{ 또는 } S \text{ 또는 } R) \quad (1.5\text{-}13)$$
$$0.6D+0.85W \quad (1.5\text{-}14)$$
$$0.6D+0.7E \quad (1.5\text{-}15)$$

(2) 지하수압·토압 또는 분말 및 입자형 재료의 횡압력에 의한 하중 H가 존재할 때는 다음의 하중계수를 적용하여 조합하여야 한다.

① H가 단독으로 작용하거나 H의 하중효과가 다른 하중효과를 증대하는 경우에는 하중계수를 1.0으로 하여야 한다.

② H의 하중효과가 영구적이면서 다른 하중효과를 상쇄하는 경우에는 하중계수를 0.6으로 하여야 한다.

③ H의 하중효과가 영구적이지 않으면서 다른 하중효과를 상쇄하는 경우에는 하중계수를 0으로 하여야 한다.

(3) 이 하중조합을 사용할 경우에는 허용응력을 증대하여 설계할 수 없다.

13) 건물의 기울어짐

건축구조 설계기준에서는 건물의 횡변위 산정과 건물간 거리를 제한 두고 있으나, 이 조건은 건물 바닥면이 기울어짐이 없다는 가정으로 지진시 부등침하가 발생하는 경우, 변경이 필요하다.

▶ KDS 41 17 00 : 2019 건축물 기초구조 설계기준

8.2 설계 요구사항

8.2.3 변형과 횡변위 제한

설계층간변위 $\triangle$는 어느 층에서도 표 8.2-1에 규정한 허용층간변위 $\triangle_a$를 초과할 수 없다.

표 8.2-1 허용층간변위 $\triangle_a$

구 분	내진등급		
	특	Ⅰ	Ⅱ
허용층간변위 $\triangle_a$	$0.010h_{sx}$	$0.015h_{sx}$	$0.020h_{sx}$
h_{sx} : x층 층고			

8.2.4 건물간의 거리

내진설계범주 'D'로 분류된 구조물은 이웃한 구조물과 일정한 거리를 유지하여야 한다. 동일한 부지에서 인접한 2개의 건축물은 최소한 다음의 δ_{MT} 이상 격리시켜야 한다.

$$\delta_{MT} = \sqrt{(\delta_{M1})^2 + (\delta_{M2})^2} \qquad (8.2\text{-}1)$$

여기서, δ_{M1}과 δ_{M2}는 7.2.8 또는 7.3.4에 따라 산정한 각 건축물의 횡변위이다.

구조물이 대지경계선에 인접한 경우에는, 구조물은 대지경계선으로부터 최소한 건물의 횡변위 δ_M만큼 떨어져야 한다.

** 기초 부등침하에 의한 기울어짐 δ_S가 추가 되어야 한다.

14) 기초의 지지력

▶ KDS 41 20 00 : 2019 건축물 기초구조 설계기준(계속)

4.1 기초지반의 지지력 및 침하

4.1.1 기본방침

(1) 기초는 상부구조를 안전하게 지지하고, 유해한 침하 및 경사 등을 일으키지 않도록 하여야 한다.

(2) 기초는 접지압이 지반의 허용지지력을 초과하지 않아야하며, 또한 기초의 침하가 허용침하량 이내이고, 가능하면 균등해야 한다.

(3) 기초형식은 지반조사결과에 따라 달라지며, 직접기초에서는 기초저면의 크기와 형상, 그리고 말뚝기초에서는 그 제원, 개수, 배치 등을 결정하여야 한다.

4.1.2 지반의 허용지지력

(1) 지반의 허용지지력은 식 (4.1-1)로 산정한다.

허용지지력 :

$$q_a = \frac{1}{3}(\alpha \cdot c \cdot N_c + \beta \cdot \gamma_1 \cdot B \cdot N_r + \gamma_2 \cdot D_f \cdot N_q) \qquad (4.1\text{-}1)$$

여기서, q_a : 허용지지력(kN/m²)

c : 기초저면 하부지반의 점착력(kN/m²)

γ_1 : 기초저면 하부지반의 단위체적중량(kN/m³)

γ_2 : 기초저면 상부지반의 단위체적중량(kN/m³)

(γ_1, γ_2 : 지하수위 위치를 고려하여 단위체적중량 값을 환산한다.)

α, β : 표 4.1-1에 표시한 형상계수

N_c, N_r, N_q : 표 4.1-2에 표시한 지지력계수 내부마찰각 ϕ의 함수

D_f : 기초에 근접한 최저지반에서 기초저면까지의 깊이(m), 인접 대지에서 흙파기를 시행할 경우가 예상될 때에는 그 영향을 고려하여야한다.

B : 기초저면의 최소폭(m), 원형일 때에는 지름

(2) 지반의 허용지지력은 평판재하시험을 할 경우 재하시험의 최대접지압(q_{test})을 근거로 하여 지지력계수 ($c \cdot N_c$ 또는 $\gamma_1 \cdot N_r$)를 식 (4.1-2)와 식 (4.1-3)에 따라 산출한 후 기초의 치수효과와 근입효과를 고려하여 식 (4.1-1)로 산정할 수 있다. 다만, 이때에는 지반의 성층상태에 주의하여야 하며, 암반층의 경우 현장재하시험 및 경험적인 방법으로 허용지지력을 산정할 수도 있다.

3. 건축물 기초 설계 기준 및 설계법

▶ KDS 41 20 00 : 2019 건축물 기초구조 설계기준

점토지반의 경우 : $\quad c \cdot N_c = q_{test} / \alpha_t \quad$ (4.1-2)

사질지반의 경우 : $\quad \gamma_1 \cdot N_r = q_{test} / \beta_t \cdot B_t \quad$ (4.1-3)

여기서, α_t, β_t : 시험에 사용한 재하판의 형상계수로서 (표 4.1-1) α, β를 사용할 수 있다.

B_t : 재하판의 폭(m)

표 4.1-1 형상계수

기초저면의 형상	연속	정방형	장방형	원형
α	1.0	1.3	1.0+0.3$_{B/L}$	1.3
β	0.5	0.4	0.5-0.1$_{B/L}$	0.3

B : 장방형 기초의 단변길이
L : 장방형 기초의 장변길이

표 4.1-2 지지력계수

ϕ	N_c	N_r	N_q
0°	5.7	0.0	1.0
5°	7.3	0.5	1.6
10°	9.6	1.2	2.7
15°	12.9	2.5	4.4
20°	17.7	5.0	7.4
25°	25.1	9.7	12.7
30°	37.2	19.7	22.5
35°	57.8	42.4	41.4
40°	95.7	100.4	81.3
45°	172.3	297.5	173.3
48°	258.3	780.1	287.9
50°	347.5	1153.2	415.1

** 지진시에 대한 기준은 명확하게 제시되어 있지 않다. 지진시 내부마찰각은 평상시보다 2도 작고, 유효폭이 감소하는 식으로 응용하여 적용하면 다음과 같다.

$\phi_{dy} = \phi - 2$

$B_{dy} = B - 2e$

** 지진시 허용지지력

$$q_a = \frac{1}{2}(\alpha \cdot c \cdot N_c + \beta \cdot \gamma_1 \cdot B_{dy} \cdot N_r + \gamma_2 \cdot D_f \cdot N_q)$$

여기서,　　q_a　: 허용지지력(kN/m²)

　　　　　c　: 기초저면 하부지반의 점착력(kN/m²)

　　　　　γ_1　: 기초저면 하부지반의 단위체적중량(kN/m³)

　　　　　γ_2　: 기초저면 상부지반의 단위체적중량(kN/m³)

　　　　　　　(γ_1, γ_2 : 지하수위 위치를 고려하여 단위체적중량 값을 환산한다.)

　　　　　α, β　: 표 4.1-1에 표시한 형상계수

　　　　　N_c, N_r, N_q : 표 4.1-2에 표시한 지지력계수 내부마찰각 ϕ 의 함수

　　　　　D_f　: 기초에 근접한 최저지반에서 기초저면까지의 깊이(m), 인접 대지에서 흙파기를 시행할 경우가 예상될 때에는 그 영향을 고려하여야한다.

　　　　　B　: 기초저면의 최소폭(m), 원형일 때에는 지름

15) 직접기초

▶ KDS 41 20 00 : 2019 건축물 기초구조 설계기준(계속)

4.3 직접기초

4.3.1 기본사항

4.3.1.1 허용지내력

　허용지내력은 4.1.2에 규정한 지반의 허용지지력 이하가 되도록 하며, 또한 4.1.3에 따라 산정한 침하량이 4.1.4의 허용침하량 이하가 되도록 정하여야 한다.

4.3.1.2 안전성 · 사용성 · 내구성

　직접기초는 예상 최대하중에 대해서 상부구조가 파괴되거나 전도되지 않아야 하고, 일상적으로 작용하는 하중상태에서는 구조물의 사용성이나 내구성에 지장을 주는 과대한 침하나 변형이 발생되지 않도록 하여야 한다.

4.3.1.3 기초깊이

　직접기초의 저면은 온도변화에 의하여 기초지반의 동결 또는 체적변화를 일으키지 않으며, 또한 우수 등으로 인하여 세굴되지 않는 깊이에 두어야 한다.

4.3.1.4 비탈면과 직접기초의 이격

(1) 보강토옹벽 및 석축 등 연성옹벽의 배면에서 건축물 직접기초까지의 거리 및 연성옹벽 전면에서 건축물까지의 이격거리는 상호 구조물의 안전에 영향을 주지 않는 범위까지 확보하여야 한다.

▶ KDS 41 20 00 : 2019 건축물 기초구조 설계기준

(2) 비탈면의 상부 및 하부에서 건축물의 직접기초는 지반 및 구조물의 안전에 영향을 주지 않을 정도의 충분한 이격거리를 확보하여야 한다.

4.3.1.5 내진설계

직접기초의 내진설계를 할 때에는 기초에 대한 하중분포를 고려하여 기초 전체의 안정을 검토하고 특히 지진으로 액상화가 예측되는 경우에는 적절한 대책을 강구해야 한다.

4.3.1.6 활동저항

구조물의 양측에서 지표면의 고저차가 있거나 지진 등으로 구조물에 수평력이 작용할 경우 바닥면의 마찰저항, 근입된 부분의 수동저항 및 그 외 미끄럼방지 돌기에 따른 기초의 활동저항을 검토하여야 한다.

4.3.1.7 지반개량

지반개량을 실시하여 직접기초를 적용하는 경우에는 4.10에 따라야 한다.

4.3.1.8 단면설계

직접기초의 단면설계는 KDS 41 30 00(4.10)에 따라야 한다.

16) 건축물 직접기초의 접지압

▶ KDS 41 20 00 : 2019 건축물 기초구조 설계기준(계속)

4.3 직접기초

4.3.2 접지압

4.3.2.1 독립기초

(1) 독립기초 기초판 저면의 도심에 수직하중의 합력이 작용할 때에는 접지압이 균등하게 분포된 것으로 가정하여 식 (4.3-1)로 산정할 수 있다.

$$\sigma_e = \frac{P}{A_f} \leq f_e \qquad (4.3\text{-}1)$$

여기서, σ_e : 설계용접지압(kN/m²)
P : 기초자중을 포함한 기초판에 작용하는 수직하중(kN)
A_f : 기초판의 저면적(m²)
f_e : 허용지내력(kN/m²)

▶ KDS 41 20 00 : 2019 건축물 기초구조 설계기준

(2) 편심하중을 받는 독립기초판의 접지압은 직선적으로 분포된다고 가정하여 식 (4.3-2)로 산정할 수 있다.

$$\sigma_e = \alpha \cdot \frac{P}{A_f} \leq f_e \qquad (4.3\text{-}2)$$

여기서, σ_e : 설계용접지압(kN/m²)
α : 하중의 편심과 저면의 형상으로 정해지는 접지압계수
P : 기초자중을 포함한 기초판에 작용하는 수직하중(kN)
A_f : 기초판의 저면적((m²)
f_e : 허용지내력(kN/m²)

** 지진에 의한 편심을 고려한다고 하면, 위 식(4.3-2)에서 α는 다음과 같이 산정할 수 있다.

- 편심력이 없는 경우 지압응력 : $\sigma_e = \dfrac{P}{A} = \dfrac{P}{BL}$

- 편심력이 있는 경우 지압응력 : $\sigma_e' = \dfrac{P}{A'} = \dfrac{P}{B'L} = \dfrac{P}{B'L} = \dfrac{B}{B'}\left(\dfrac{P}{BL}\right) = \dfrac{B}{B'}\sigma_e = \alpha\sigma_e$

- 앞의 식에서 $\alpha = \dfrac{B}{B'} = \dfrac{B}{B-2e}$, $e = \dfrac{M}{P}$, $M = V\left(\dfrac{H}{2}\right)$

- M : 회전 모멘트, V ; 지진시 건물 수평력

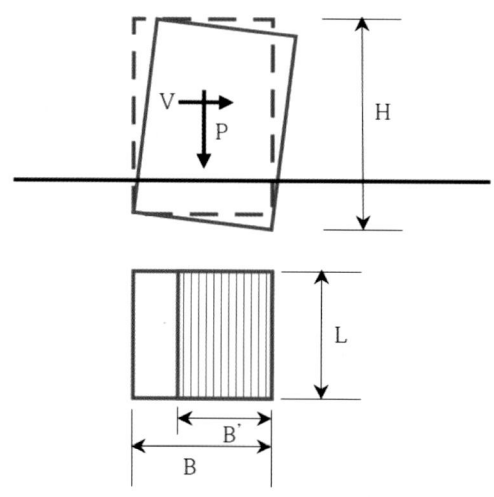

[그림 3.2] 편심력에 따른 지압응력

라. 편심하중에 대한 보정

해설 그림 4.2.13과 같이 기초에 편심하중이 작용할 경우, 지지력 공식의 B와 L을 유효 폭과 길이 B'와 L'로 대체하여 사용한다. 푸팅에 모멘트가 작용할 때 등가의 수직하중과 편심거리는 해설 그림 4.2.13과 같이 구한다.

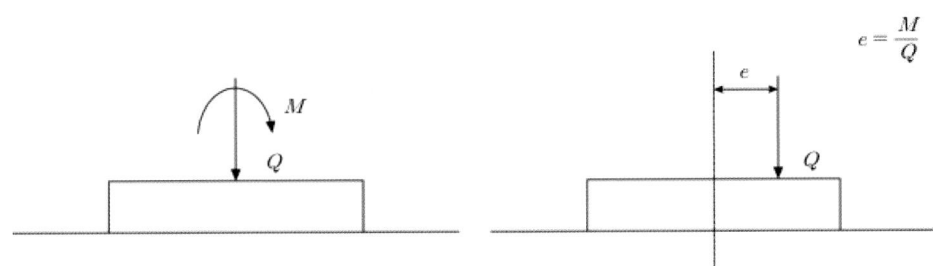

해설 그림 4.2.13 등가하중과 편심거리

유효폭 B'와 L' 및 감소된 유효면적은 해설 그림 4.2.14에서 구할 수 있다.

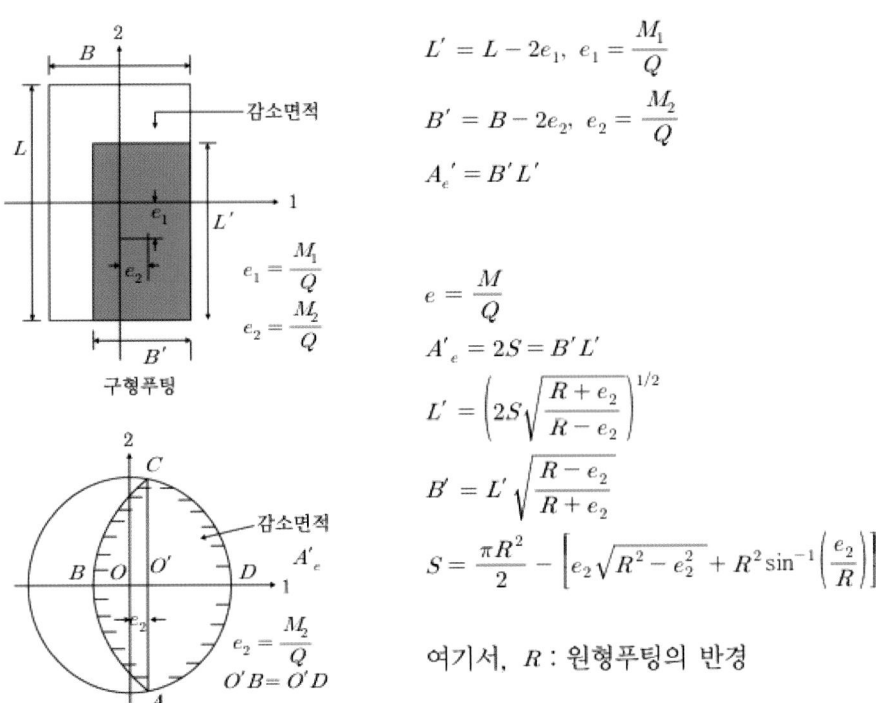

해설 그림 4.2.14 편심하중에 의한 유효폭과 감소된 면적

[그림 3.3] 편심하중에 대한 보정 (구조물기초설계기준해설, (사)한국지반공학회, 2018.3)

** 건축구조물에서는 대부분 지반의 강도정수(내부마찰각 및 점착력)를 직접 시험하는 조사를 수행하지 않는 경우가 많기 때문에 표준관입시험을 이용하는 SPT시험값을 직접 이용하는 방법을 적용하는 것이 합리적이며, 설계기준 코드에는 제시되어 있지 않으며, 문헌에는 다음과 같이 제시되었다.

직접 기초는 지반이 충분한 지내력이 확보되는 경우에 적용하는 공법으로 지내력이라 함은 허용침하가 포함된 허용지지력 값을 의미한다. 이러한 허용지내력의 대표적인 식은 Meyerhof(1956, 1974)에 제시된 허용 침하량 25mm를 기준으로 한 표준관입시험(SPT)값을 이용한 산정식이다.

$$q_a = \frac{N_{55}}{0.05}\left(1 + \frac{D_f}{B}\right)(\text{kPa}) \qquad B \leq 1.2\,m$$

$$q_a = \frac{N_{55}}{0.08}\left(\frac{B+0.3}{B}\right)^2\left(1 + \frac{D_f}{B}\right)(\text{kPa}) \qquad \text{for } 0 \leq D_f \leq B \text{ and } B \geq 1.2$$

$$q_a = \frac{N_{70}}{0.04}\left(1 + \frac{D_f}{B}\right)(\text{kPa}) \qquad B \leq 1.2\,m$$

$$q_a = \frac{N_{70}}{0.06}\left(\frac{B+0.3}{B}\right)^2\left(1 + \frac{D_f}{B}\right)(\text{kPa}) \qquad \text{for } 0 \leq D_f \leq B \text{ and } B \geq 1.2$$

여기서, q_a : 허용지내력(kPa)

N_{55}, N_{70} : 에너지 효율을 고려한 N값(0.75B 평균)

B : 기초 폭

D_f : 기초 깊이

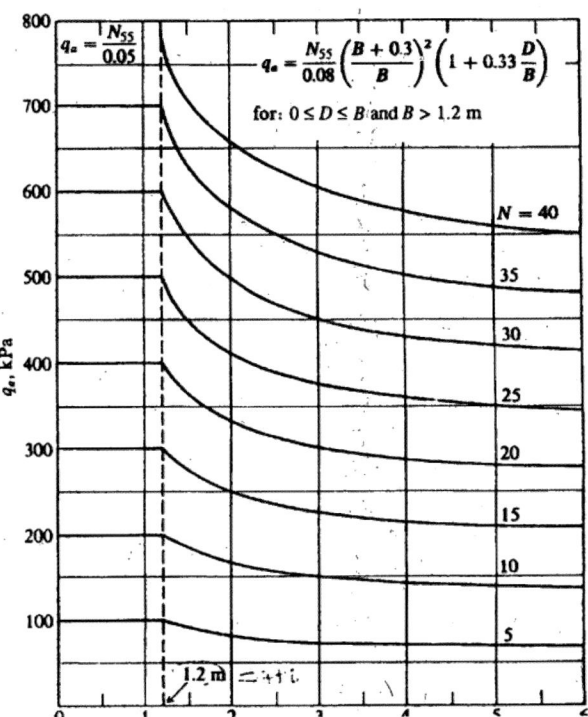

[그림 2.1] 허용침하 25mm 기준의 허용지지력(Foundation-Analysis and Design, Joseph.Bowles)

17) 기초의 침하

▶ KDS 41 20 00 : 2019 건축물 기초구조 설계기준

> 4. 설계
> 4.1 기초기반의 지지력 및 침하
> 4.1.4 허용침하량
> 4.1.4.1 부등침하
> (1) 허용침하량은 지반의 조건, 기초의 형식, 상부구조의 특성, 주위상황들을 고려하여 유해한 부등침하가 생기지 않도록 정하여야 한다.
> (2) 지반의 상황에 따라 과대한 침하를 피할 수 없을 때에는 적당한 개수에 신축조인트를 두거나 상부구조의 강성을 크게 하여 유해한 부등침하가 생기지 않도록 하여야 한다.

** 기초의 침하에서 상시에는 하중이 등분포 하중이고 지진시에는 삼각형 하중으로 변경된다. 따라서 두가지 형태를 계산하여 검토하여야 한다.

▶ KDS 41 20 00 : 2019 건축물 기초구조 설계기준

> 4. 설계
> 4.3 직접기초
> 4.3.1.5 내진설계
> 　직접기초의 내진설계를 할 때에는 기초에 대한 하중분포를 고려하여 기초 전체의 안정을 검토하고 특히 지진으로 액상화가 예측되는 경우에는 적절한 대책을 강구해야 한다.

▶ KDS 41 20 00 : 2019 건축물 기초구조 설계기준(계속)

> 4. 설계
> 4.1 기초지반의 지지력 및 침하
> 4.1.3 침하량의 산정
> 4.1.3.1 지중응력
> 　기초의 연직하중에 따라 생기는 지중응력의 연직방향성분은 식 (4.1-4)에 따라 산정하며, 등분포하중에 따른 응력증분은 별도 식으로 정한다.
>
> $$\Delta \sigma_z = \frac{P_c \cdot 3 Z_s^3}{2\pi \cdot R^5} \quad (4.1\text{-}4)$$
>
> 　　여기서, $\Delta \sigma_z$: 지중의 임의점에서의 연직응력증분(kN/m^2)
> 　　　　　　P_c : 지표면에 작용하는 연직집중하중(kN)
> 　　　　　　Z_s : 지표면에서 임의의 점까지의 깊이(m)
> 　　　　　　R : 하중의 작용점에서 임의의 점까지의 거리(m)
>
> 4.1.3.2 압밀침하량
> 　압밀침하량 산정은 식 (4.1-5)에 따른다. 단, 압축지수 C_C, 압밀계수 C_V를 알 수 있는 경우 침하량을 별도 식으로 산정할 수 있다.
>
> $$S = \int \frac{e_1 - e_2}{1 + e_1} \cdot dz \quad (4.1\text{-}5)$$
>
> 　　여기서, S : 침하량(m)
> 　　　　　　Z : 침하량을 산정하는 점에서 연직하방으로 측정한 깊이(m)
> 　　　　　　e_1 : 응력 σ_{1Z}에 대응하는 간극비
> 　　　　　　e_2 : 응력 $\sigma_{2Z}(=\sigma_{1Z}+\Delta\sigma_Z)$에 대응하는 간극비
> 　　　　　　σ_{1Z} : 건물시공 이전의 Z점에서 유효지중응력(kN/m^2)
> 　　　　　　　　 $= \gamma H_1 + \gamma'(Z_s - H_1)$
> 　　　　　　σ_{2Z} : 건물시공 이후의 Z점에서 유효지중응력(kN/m^2)
> 　　　　　　　　 $= \sigma_{1Z} + \Delta\sigma_Z$

> KDS 41 20 00 : 2019 건축물 기초구조 설계기준(계속)

여기서, γ : 지반의 습윤단위체적중량(kN/m³)
γ' : 지반의 수중단위체적중량(kN/m³)
H_1 : 지하수위(지표면에서 지하수위 상단까지의 깊이, m)
Z_s : 지표면에서 임의의 점까지의 깊이(m)

4.1.3.3 즉시침하량

즉시침하량은 지반을 탄성체로 보고 탄성이론에 기초한 지반의 탄성계수와 포아송비를 적절히 설정하여 식 (4.1-6)에 따라 산정하거나, 평판재하시험의 하중과 침하량의 관계식 식 (4.1-7)를 이용하여 추정한다.

(1) 탄성이론에 따른 계산

$$S_E = I_S(1-\nu^2)qB/E_S \tag{4.1-6}$$

여기서, S_E : 즉시침하량(m)
I_S : 기초저면의 형상과 강성에 따라 정해지는 계수, 표 4.1-3 참조
q : 기초에 작용하는 단위면적당 하중(kN/m²)
B : 기초의 단변길이(원형의 경우는 지름)(m)
L : 기초의 장변길이(m)
E_S : 지반의 탄성계수(kN/m²)
ν : 지반의 포아송비

표 4.1-3 침하계수 I_s (유연한 기초의 경우)

기초서변형상		기초저면 상의 위치	I_s
원형(지름 B)		중앙	1.00
장방형($B \times L$)	$L/B = 1$	중앙	1.12
	1.5		1.36
	2.0		1.52
	2.5		1.68
	3.0		1.78
	4.0		1.96
	5.0		2.10
	10.0		2.54

▶ KDS 41 20 00 : 2019 건축물 기초구조 설계기준

(2) 평판재하시험에 따른 추정

$$S_2 = S_1 \cdot \frac{I_{S2} \cdot B_2}{I_{S1} \cdot B_1} \qquad (4.1\text{-}7)$$

여기서, S_1 : 평판의 침하량(m)
S_2 : 기초의 침하량(m)
I_{S1} : 재하판의 침하계수, 표 4.1-3 참조
I_{S2} : 기초의 침하계수, 표 4.1-3 참조
B_1 : 재하판의 폭(m)
B_2 : 기초의 폭(m)

3.2 건축물 말뚝기초

3.2.1 지진시 건축물에 작용하는 하중

지진시 말뚝에 작용되는 하중은 다음과 같이 산정할 수 있다.

▶ KDS 41 20 00 : 2019 건축물 기초구조 설계기준

4. 설계
4.2 기초하중
4.2.3 말뚝작용력
말뚝에 대하여 상부구조에서 전달되는 하중 및 자중에 대응하는 축방향 압축력 또는 인발력이 작용하는 것으로 보고 실정에 따라 상부구조에서 전달되는 수평력 또는 이의 일부를 횡력으로 고려하여야 한다. 또한 지반침하에 따른 부의 주면마찰력이 발생할 우려가 있을 때에는 이를 고려하여야 한다.

[표 3.2] 말뚝 두부에 작용되는 적용하중 산정방법

약식계산법	건축구조 계산시 스프링 적용	시간이력 동해석 방법
• $V = q_{max}BL$, $H = W_e/N$ - B, L : 말뚝 간격 - N : 말뚝 적용개수	• $V = R_Y$, $H = R_X$ - R_Y : 수직방향 스프링 반력 - R_X : 수평방향 스프링 반력	• 말뚝 부재력 직접 계산 - 축력 최대조건에 대한 부재력 - 축력 최소조건에 대한 부재력

1) 약식계산법

별도의 건축구조계산서가 없는 경우에 약식으로 계산한 접지압의 q_{min}, q_{max}의 값을 산정하여 다음과 같이 산정할 수 있다.

① 상시 : $V = qB_pL_p$

여기서, B_p, L_p : 말뚝의 설치 간격($B_p = \dfrac{B}{n}$, $L_p = \dfrac{L}{n}$)

② 지진시

지진시는 말뚝에 발생하는 힘이 수직력과 수평력이 발생한다. 또한 두부 고정인 경우는 모멘트 하중도 발생할 수 있다. 통매트 기초인 경우는 매트의 기울어짐이 없는 것으로 가정하여 모멘트 하중은 발생하지 않는 것으로 하며, 모멘트 하중이 있는 경우는 FEM해석을 수행한다. 말뚝에 작용되는 안정성에서는 축력이 최대일 때와 축력이 최소일 때로 구분하여 산정한다.

- P_{max} 조건

$$V_{P\max} = q_{\max} B_p L_p$$

$$H = W_e/N$$

여기서, B_p, L_p : 말뚝의 설치 간격

$V_{P\max}$: 축력 최대일 때 축하중

H : 수평하중($H = W_e/N$)

N : 말뚝 적용개수

- P_{min} 조건

$$V_{P\min} = q_{\max} B_p L_p$$

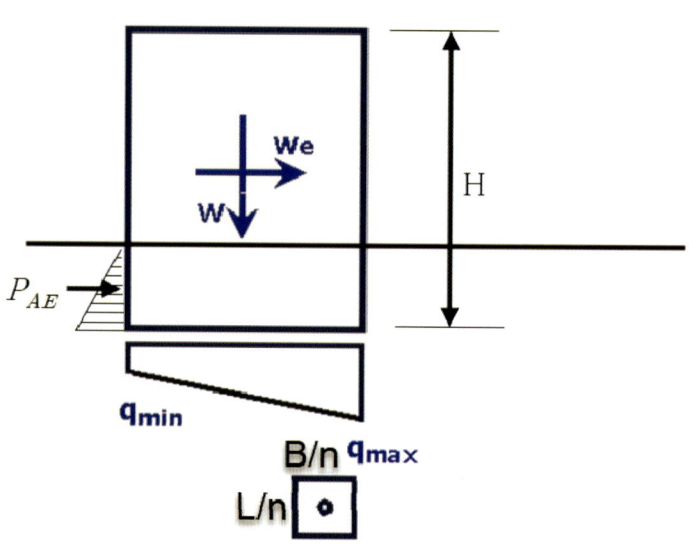

[그림 3.4] 약식계산법 모식도

2) 건축 구조계산서 활용

건축구조계산서가 있는 경우는 구조계산 시 말뚝머리 위치에 스프링을 모델하여 구조계산서에서 산정된 반력값을 이용하여 말뚝 두부 하중으로 적용한다.

① 상 시 : $V = R_V$

② 지진시 : $V_{P\max} = R_V$, $H_{P\max} = R_H$,

$V_{P\min} = R_V$, $H_{P\min} = R_H$,

여기서, R_V : 말뚝 두부 스프링 수직 반력

R_H : 말뚝 두부 스프링 수평 반력

③ 독립기초인 경우

독립기초인 경우는 다음 그림과 같이 기둥에 산정된 축력, 전단력, 모멘트 하중으로 말뚝에 발생되는 하중을 산정한다.

P, H, M 값을 이용하여 말뚝 두부에 작용되는 축력과 수평력을 산정하고, 산정된 값을 이용하여 말뚝의 부재력을 구한다.

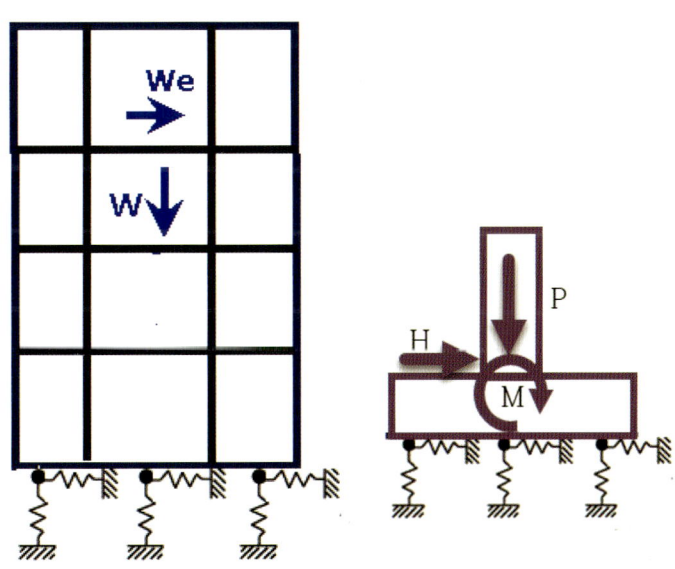

[그림 3.5] 건축 구조계산서 활용한 계산식 모식도

3) 시간이력 동해석을 이용하는 경우

구조물 또는 지반의 특성이 시간이력 동해석을 반드시 하여야 하는 경우는 [그림 3.6]과 같이 직접 해석을 수행하여 말뚝에 산정된 축력과 전단력, 모멘트의 값으로 안정성을 검토한다.

또한 유사정적해석을 통하여 말뚝을 직접 모델하는 경우도 가능하며, 비정형 구조물에서 지반의 특수 조건, 구조물의 중요도가 아주 높거나 특별한 경우 등에 동해석을 적용하여 말뚝의 안정성을 검토하는 방법으로 한다.

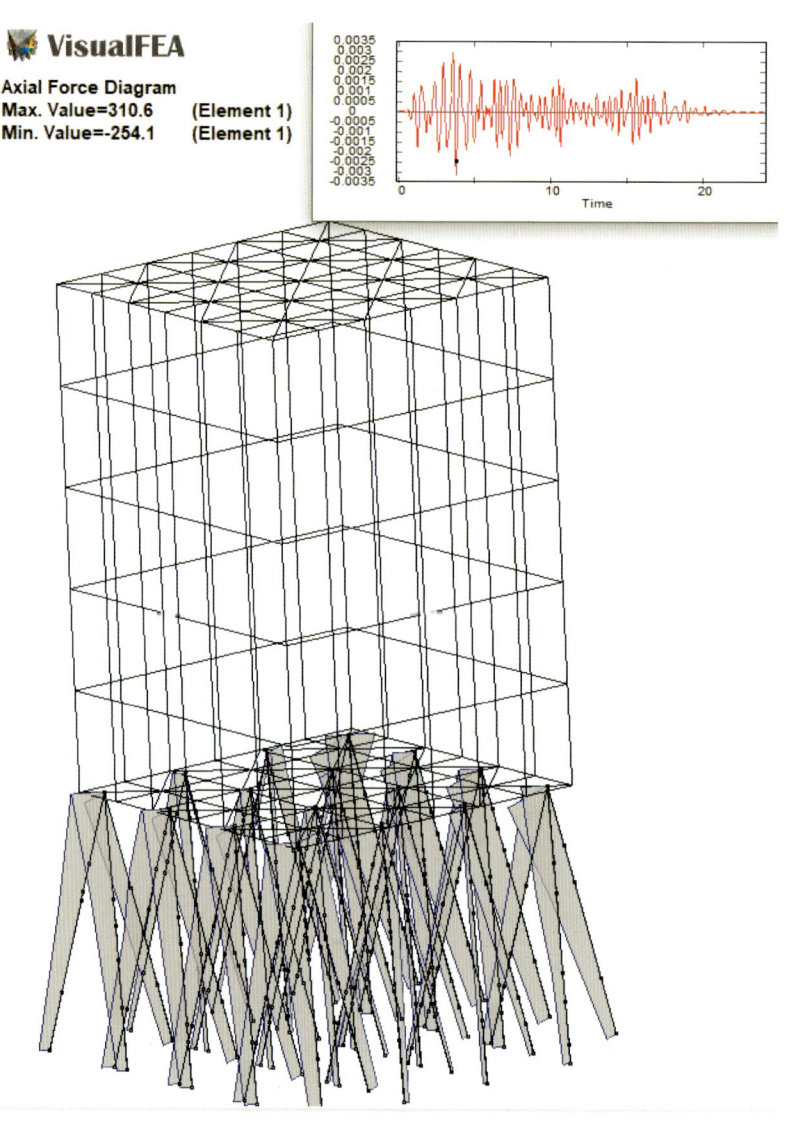

[그림 3.6] 시간이력 동해석 결과도

3.2.2 말뚝 설계 절차

1) 말뚝기초 설계

말뚝기초 설계는 KDS 41 20 00 : 2019 건축물 기초구조 설계기준의 4.4 말뚝기초 설계기준에 따라 적용한다.

▶ KDS 41 20 00 : 2019 건축물 기초구조 설계기준(계속)

---

4. 설계

4.4 말뚝기초

4.4.1 기본사항

(1) 말뚝은 시공 상 지장이 없고 신뢰할 만한 내력이 있는 것을 선택하여야 한다.

(2) 말뚝의 허용내력은 4.4.3에 따른다.

(3) 말뚝기초의 허용지지력은 말뚝의 지지력에 따른 것으로만 하고, 특별히 검토한 사항 이외는 기초판 저면에 대한 지반의 지지력은 가산하지 않는 것으로 한다.

(4) 말뚝기초의 설계에 있어서 하중의 편심에 대하여 검토하여야한다. 특히 1본의 말뚝에 따라 기둥을 지지하는 경우는 기초보의 강성 및 내력을 증대시키는 등 주각의 고정에 대한 대책을 강구하여야 한다.

(5) 충격력, 반복력, 횡력, 인발력 등을 받는 기초에 있어서는 말뚝기초에 대한 지반의 저항력 및 말뚝에 발생하는 복합응력에 대하여 안전성을 검토하여야 한다.

(6) 동일 구조물에서는 지지말뚝과 마찰말뚝을 혼용해서는 안 된다. 또한 타입말뚝, 매입말뚝 및 현장타설콘크리트말뚝의 혼용, 재종이 다른 말뚝의 사용은 가능한 한 피해야 한다.

(7) 말뚝의 최소간격은 4.4.10의 규정에 따른다.

(8) 말뚝머리 부분, 이음부, 선단부는 충분히 응력을 전달할 수 있는 것으로 하여야 한다.

4.4.2 말뚝의 허용지지력

4.4.2.1 타입말뚝

타입말뚝의 허용지지력은 4.4.2.5에 따른 허용압축응력에 최소단면적을 곱한 값 이하, 재하시험을 할 경우에는 항복하중의 1/2 및 극한하중 이하 값의 1/3 중 작은 값으로 하고, 재하시험을 하지 않는 경우는 지지력산정식에 따라 구해지는 극한지지력의 1/3 중에서 가장 작은 값으로 한다.

4.4.2.2 매입말뚝 및 현장타설콘크리트 말뚝

매입말뚝 및 현장타설콘크리트말뚝의 허용지지력은 4.4.2.5에 따른 허용압축응력에 최소단면적을 곱한 값 이하, 재하시험결과에 따른 항복하중의 1/2 및 극한하중의 1/3 중 가장 작은 값으로 한다. 다만, 현장타설콘크리트말뚝에서 재하시험을 하지 않을 경우에는 지지력산정식에 따라 구해지는 극한지지력의 1/3 이하의 값으로 할 수 있다.

> KDS 41 20 00 : 2019 건축물 기초구조 설계기준

4.4.2.3 선단개방말뚝

4.4.2.1에 있어서 선단개방말뚝의 허용지지력을 지지력산정식에 따라 구할 경우에는 선단폐색효과를 고려할 수 있다.

4.4.2.4 마찰말뚝

점성토 중의 마찰말뚝에 대하여는 토질, 말뚝개수, 말뚝간격 및 길이에 따라 무리말뚝으로서 지지력을 검토한다.

4.4.2.5 말뚝재료의 허용응력

말뚝재료의 허용응력은 4.4.6에서 정하는 값으로 하고, 이음 및 세장비에 따른 저감은 4.4.7에 따른다.

4.4.2.6 지반침하의 고려

지반이 침하할 염려가 있는 지층을 관통하고 있는 지지말뚝의 허용지지력에 대해서는 유효한 방법에 따라 부마찰력을 저감하거나 또는 4.4.8에 따라 말뚝에 작용하는 부마찰력을 고려하는 것으로 한다.

2) 말뚝지지력 평가

> KDS 11 50 20 : 2018 깊은기초 설계기준(한계상태설계법)(계속)

2. 타입말뚝

2.2 사용한계상태의 변위와 지지력

(1) 일반사항

① 무리말뚝의 침하를 계산하기 위해서는 그림 2.2-1에 나타나 있는 바와 같이 지층에 근입된 말뚝 깊이의 2/3에 위치한 등가 확대기초에 하중이 작용하는 것으로 가정할 수 있다. 사질토층에 있는 말뚝기초의 침하는 KDS 24 12 11(4.1.1)에 규정된 사용하중조합-Ⅰ 내의 적용 가능한 모든 하중을 사용하여 검토하여야 한다.또한 점성토층에 설치된 말뚝기초의 침하는 일시하중만을 제외하고, 사용하중조합-Ⅰ내의 적용 가능한 모든 하중을 사용하여 조사하여야 한다. KDS 24 12 11(4.1.1)에 규정된 적용 가능한 모든 사용한계상태의 사용하중조합-Ⅰ로 기초의 횡방향 변위를 평가하여야 한다.

▶ KDS 11 50 20 : 2018 깊은기초 설계기준(한계상태설계법)(계속)

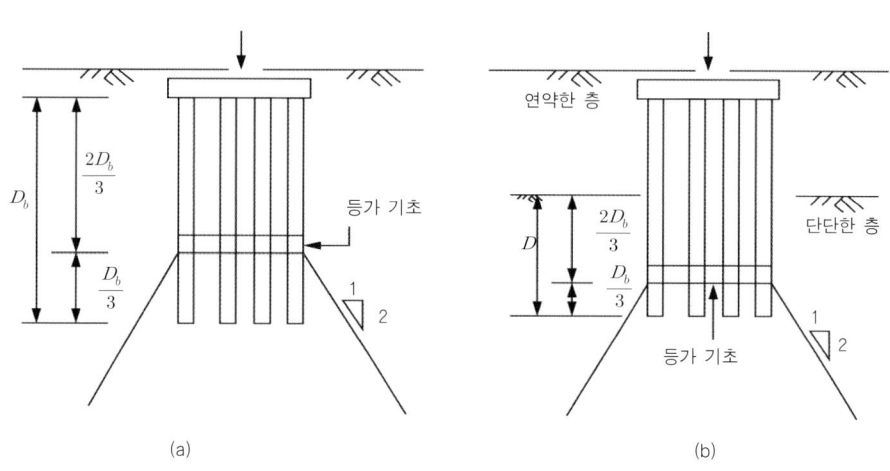

그림 2.2-1 등가 확대기초의 위치(Duncan과 Buchignani, 1976)

(2) 수평변위에 대한 기준

① 기초의 수평방향 허용변위량은 구조물의 기능과 형태, 예상 사용수명, 차량 주행성, 과대변위발생시 구조물에 미치는 영향 등을 고려하여 결정하며, 38mm를 초과해서는 안 된다. 단, 지반의 저항력과 말뚝변위의 비선형성을 고려할 수 있는 p-y 해석 등의 정밀한 해석을 하는 경우 말뚝 본체에 구조적인 결함이 발생하지 않고 상부구조물의 유해한 영향을 미치지 않는 변위까지 허용할 수 있다.

(3) 침하

① 일반사항

가. 말뚝기초의 침하는 KDS 24 14 51에 규정된 허용침하량을 초과해서는 안 된다. 구조물의 기능과 형태, 예상 사용수명, 그리고 실용성 차원의 변위 한도에 따라 침하량과 횡방향 변위량의 기준을 설정한다. 경험적인 방법과 해석적인 방법 또는 두 방법 모두를 고려하여 허용변위 기준을 제시하여야 한다.

② 점성토

가. 무리말뚝의 침하량은 그림 2.2-1에 규정된 등가 확대기초의 위치와 확대기초에 사용한 절차를 사용하여 구할 수 있다.

③ 사질토

가. 사질토의 무리말뚝 침하는 현장 원위치시험 결과와 그림 2.2-1의 등가 확대기초의 위치를 이용하여 계산할 수 있다. 사질토에 설치된 무리말뚝의 침하는 다음과 같은 식으로 계산할 수 있다.

$$SPT \;=\; \rho = \frac{30\,q\,I\sqrt{X}}{N_{corr}} \qquad (2.2\text{-}1)$$

$$CPT \;=\; \rho = \frac{q\,X\,I}{24 q_c} \qquad (2.2\text{-}2)$$

▶ KDS 11 50 20 : 2018 깊은기초 설계기준(한계상태설계법)(계속)

여기서,
$$I = 1 - 0.125 \frac{D'}{X} \geq 0.5 \quad (2.2\text{-}3)$$

$$N_{corr} = \left[0.77 \log_{10}\left(\frac{1.92}{\sigma_v'}\right)\right] N \quad (2.2\text{-}4)$$

여기서, q = 그림 2.2-1에서 보는 것처럼 $2D_b/3$ 지점에 작용하는 순 기초 압력(MPa). 이 압력은 무리말뚝의 상부에 가해진 하중을 등가 확대기초의 면적으로 나눈 것으로, 말뚝의 무게나 말뚝 사이의 흙 무게는 포함하지 않는다.

X = 무리말뚝의 폭이나 최소 치수(mm)

ρ = 무리말뚝의 침하(mm)

I = 무리말뚝의 유효근입깊이에 대한 영향계수

D' = 유효깊이(=$2D_b/3$)

D_b = 그림 2.2-1에서 보는 것처럼 지지층에 근입된 말뚝의 길이(mm)

N_{corr} = 등가 확대기초 아래 임의의 깊이 z까지의 SPT의 타격횟수로서 상재하중에 대해 보정한 대표적인 평균값(타/300 mm)

N = 침하층에서 측정된 SPT의 타격횟수 (타/300 mm)

σ_v' = 유효연직응력(MPa)

q_c = 등가 확대기초 아래 임의의 깊이 z에 대한 평균 정적 콘저항값(MPa)

④ 선단지지력의 추정값

가. 지지력에 대한 추정값

(가) 추정값의 사용은 교량 부지나 그 인근 지역의 지질 상태에 근거하여야 한다.

나. 지지력을 결정하기 위한 반경험적 방법

(가) 암반의 지지력은 암반분류시스템, RMR 등의 상관성을 사용하여 경험적으로 결정할 수 있다. 이러한 반경험적인 방법을 사용할 때에는 해당 지역의 경험이 반영되어야 한다. 추정지지력이 암석의 일축압축강도와 기초 콘크리트의 공칭저항력 중 어느 하나보다 크다면, 암석의 일축압축강도와 콘크리트의 공칭저항력 중에서 작은 값을 추정지지력으로 한다. 콘크리트의 공칭저항력은 $0.3 f_c'$으로 간주할 수 있다.

▶ KDS 11 50 20 : 2018 깊은기초 설계기준(한계상태설계법)

2.3 극한한계상태의 지지력
(1) 일반적으로 고려하여야 할 지지력에는 다음과 같은 것들이 있다.
① 말뚝의 지지력
② 말뚝의 인발저항력
③ 연약한 지층 위에 있는 단단한 층의 말뚝 펀칭에 대한 저항력
④ 말뚝 재료의 강도

(2) 말뚝의 축방향 하중
① 말뚝 항타나 말뚝재하시험에서 측정한 현장 계측치를 참고로 정적해석 방법에 의해 설계한다. 비슷한 조건을 가진 인접 지반의 말뚝재하시험 결과를 외삽하여 적용할 수도 있다. 말뚝의 지지력은 해석적 방법이나 현장 원위치시험 방법 등으로 산정할 수 있다.
말뚝의 감가된 지지력 Q_R은 다음과 같다.

$$Q_R = \phi Q_n = \phi_q Q_{ult} \qquad (2.3\text{-}1)$$

또는

$$Q_R = \phi Q_n = \phi_q Q_{ult} \qquad (2.3\text{-}2)$$

여기서,

$$Q_p = q_p A_p \qquad (2.3\text{-}3)$$

$$Q_s = q_s A_s \qquad (2.3\text{-}4)$$

여기서, ϕ_q = KDS 11 50 10 (2.5) 표 2.5-2에 규정된 외말뚝의 지지력에 대한 저항계수, 총 저항력에서 선단지지력과 주면마찰력을 구분하지 않음.

Q_{ult} = 외말뚝의 시시력(N)
Q_p = 말뚝의 선단지지력(N)
Q_s = 말뚝의 주면마찰력(N)
q_s = 말뚝의 단위 주면마찰력(MPa)
A_s = 말뚝 주면면적(mm²)
A_p = 말뚝 선단면적(mm²)
ϕ_{qp} = 선단과 주면 저항을 구별하는 방법일 경우 KDS 11 50 10 (2.5) 표 2.5-2에 규정된 말뚝의 선단지지에 대한 저항계수
ϕ_{qs} = 선단과 주면 저항을 구별하는 방법일 경우 KDS 11 50 10 (2.5) 표 2.5-2에 규정된 말뚝의 주면마찰에 대한 저항계수

3) 말뚝지지력 평가

▶ KDS 11 50 10 : 2018 얕은기초 설계기준(한계상태설계법)(계속)

2. 한계상태와 저항계수

2.5 저항계수

(1) 저항계수는 현 단계에서는 외국사례를 사용하도록 하되, 향후 우리나라 실정에 적합한 값을 구하기 위한 연구개발이 이루어져야 한다.

(2) 기초 종류에 따른 극한한계상태의 저항계수는 지역적으로 규정된 값이 없는 한 표 2.5-1~표 2.5-6에 제시된 값을 사용한다. 사용한계상태에 대한 저항계수는 1.0을 적용한다. 표에 명시하였으나 본문에 제시되지 않은 식들은 해당 문헌을 참조한다.

(3) 엄지말뚝, 연속식 말뚝, 슬러리 트렌치 콘크리트 벽체 등의 연직 부재는 지지력 예측 시 이 기준과 KDS 11 50 20에 명시된 규정에 맞게 얕은기초 또는 깊은기초로 적용한다. 임시 구조물에 대해서는 규정된 값보다 큰 저항계수 값을 적용할 수 있다.

표 2.5-1 얕은기초의 극한한계상태에 대한 저항계수

		방법 / 흙 / 조건	저항계수
지지력	ϕ_b	이론적방법(Munfakh et al., 2001), 점성토	0.50
		이론적방법(Munfakh et al., 2001), 사질토, CPT 사용	0.50
		이론적방법(Munfakh et al., 2001), 사질토, SPT 사용	0.45
		반경험적방법(Meyerhof, 1957), 모든 지반	0.45
		암반위에 설치된 기초	0.45
		평판재하시험	0.55
활 동	ϕ_τ	사질토 위에 설치된 프리캐스트 콘크리트	0.90
		사질토 위에 설치된 현장타설 콘크리트	0.80
		점성토 위에 설치된 프리캐스트 콘크리트 또는 현장타설 콘크리트	0.85
	ϕ_{ep}	흙 위에 흙이 존재하는 경우	0.90

▶ KDS 11 50 10 : 2018 얕은기초 설계기준(한계상태설계법)(계속)

표 2.5-2 축하중을 받는 타입말뚝의 극한한계상태에 대한 저항계수

조건 / 지지력 결정 방법		저항계수
외말뚝의 연직압축저항- 동역학적 해석법과 정재하시험, ϕ_{dyn}	정재하시험에 의해 항타관리기준이 검증된 경우. 동재하시험이나 보정된 파동방정식 또는 재하시험에 사용된 해머의 최소 항타저항으로서 항타관리를 수행함.	아래의 표 2.5-3 참조
	교각 당 한개 이상 또는 표 2.5-4에서 제시된 횟수 이상의 말뚝에 대해서 초기 재항타시 동재하시험의 결과를 신호분석해석을 이용하여 항타관리기준을 설정한 경우. 잔여 말뚝은 상기 설정된 항타관리기준이나 동재하시험으로 항타관리를 수행함	0.65
	말뚝의 응력파 측정 없이 파동방정식해석	0.40
	FHWA 수정 Gates 공식	0.40
	Engineering News Record 공식	0.10
외말뚝의 연직압축저항력-정역학적 해석법과 정재하시험, ϕ_{stat}	주면마찰력과 선단지지: 점성토와 혼합토	
	α 방법 (Tomlinson, 1987; Skempton, 1951)	0.35
	β 방법 (Esrig과 Kirby, 1979; Skempton, 1951)	0.25
	λ 방법 (Vijayvergiya와 Focht, 1972; Skempton, 1951)	0.40
	주면마찰력과 선단지지: 사질토	
	Nordlund/Thurman 방법 (Hannigan et al., 2005)	0.45
	SPT 방법 (Meyerhof)	0.30
	CPT 방법 (Schmertmann)	0.50
	암반에 선단근입된 경우(Canadian Geotech. Society, 1985)	0.45
블록파괴, ϕ_{bl}	점성토	0.60
외말뚝의 인발저항력, ϕ_u	Nordlund 방법	0.35
	α 방법	0.25
	β 방법	0.20
	λ 방법	0.30
	SPT 방법	0.25
	CPT 방법	0.40
	재하시험	0.60
무리말뚝의 인발저항력, ϕ_{ug}	사질토와 점성토	0.50
외말뚝 또는 무리말뚝의 횡방향 저항	모든 토질과 암반	1.0
구조한계상태	강관말뚝(KDS 24 14 31 (4.1.4.2) 참조) 콘크리트 말뚝(KDS 24 14 21 (1.4.3.2) 참조) 본 한계상태설계법에는 목교편 생략	
말뚝의 항타 관입성 분석, ϕ_{da}	강관말뚝(KDS 24 14 31 (4.1.4.2) 참조) 콘크리트 말뚝(KDS 24 14 21 (1.4.3.2) 참조)	

▶ KDS 11 50 10 : 2018 얕은기초 설계기준(한계상태설계법)(계속)

표 2.5-3 현장에서 수행하는 정재하시험 횟수와 저항계수의 관계(Paikowsky et al., 2004)

현장 정재하시험 수행횟수	저항계수, ϕ		
	현장 변동성		
	낮음*	보통*	높음*
1	0.80	0.70	0.55
2	0.90	0.75	0.65
3	0.90	0.85	0.75
≥4	0.90	0.90	0.80

* : 변동계수(COV, coefficient of variation)의 값으로써 아래와 같이 구분됨.
  1) COV < 25% : 낮음
  2) 25 ≤ COV < 40% : 보통
  3) COV ≥ 40% : 높음

표 2.5-4 현장에서 수행하여야 하는 동재하시험 횟수(Paikowsky et al., 2004)

현장 변동성	낮음*	보통*	높음*
현장내의 말뚝 수	신호분석해석을 포함한 동재하시험 수행 횟수(초기 재항타)		
≤15	3	4	6
16~25	3	5	8
26~50	4	6	9
51~100	4	7	10
101~500	4	7	12
>500	4	7	12

* : 변동계수(COV, coefficient of variation)의 값으로써 아래와 같이 구분됨.
  1) COV < 25% : 낮음
  2) 25 ≤ COV < 40% : 보통
  3) COV ≥ 40% : 높음

▶ KDS 11 50 10 : 2018 얕은기초 설계기준(한계상태설계법)

표 2.5-5 축하중을 받는 현장타설말뚝의 극한한계상태에 대한 저항계수

방법			저항계수
외말뚝의 연직압축 저항, ϕ_{stat}	점성토의 주면마찰력	α 방법(O'Neill과 Reese, 1999)	0.45
	점성토의 선단지지력	전응력(O'Neill과 Reese, 1999)	0.40
	사질토의 주면마찰력	β 방법(O'Neill과 Reese, 1999)	0.55
	사질토의 선단지지력	O'Neill과 Reese (1999)	0.50
	IGM의 주면마찰력	O'Neill과 Reese (1999)	0.60
	IGM의 선단지지력	O'Neill과 Reese (1999)	0.55
	암반의 주면마찰력	Horvath와 Kenney (1979)	0.55
		O'Neill과 Reese (1999)	0.55
		Carter와 Kulhawy (1988)	0.50
	암반의 선단지지력	Canadian Geotech. Society (1985) 프레셔미터 시험법(Canadian Geotech. Society, 1985) O'Neill과 Reese (1999)	0.50
외말뚝의 인발저항력, ϕ_u	점성토	α 방법(O'Neill과 Reese, 1999)	0.35
	사질토	β 방법(O'Neill과 Reese, 1999)	0.45
	암반	Horvath와 Kenney (1979) Carter와 Kulhawy (1988)	0.40
무리말뚝의 인발저항력	사질토와 점성토		0.45
블록파괴, ϕ_{bl}	점성토		0.55
외말뚝 또는 무리 말뚝의 횡방향 저항	모든 재료		1.0
정재하시험(압축), ϕ_{load}	모든 재료		표 2.5-3 참조 (단, 0.70보다 크지 않아야 함)
정재하시험(인발), ϕ_{upload}	모든 재료		0.60

4) 표준관입시험값을 이용한 지지력 평가

▶ KDS 11 50 20 : 2018 깊은기초 설계기준(한계상태설계법)

2. 타입말뚝
2.3 극한한계상태의 지지력
(4) 현장 원위치시험을 통한 말뚝지지력의 평가
① 일반사항
가. 현장 원위치시험법을 사용하여 평가한 주면마찰력과 선단지지력에 대한 저항계수는 KDS 11 50 10 (2.5) 표 2.5-2에 규정되어 있다.
② 표준관입시험(SPT)을 이용한 방법은 사질토 및 비소성 실트에 대해 적용한다.
가. 말뚝 선단지지력
(가) 사질토에서 깊이 D_b까지 타입된 말뚝의 공칭 단위 선단지지력은 다음과 같고, 단위는 MPa이다.

$$q_p = \frac{0.038 N_{corr} D_b}{D} \leq q_l \qquad (2.3\text{-}11)$$

여기서,

$$N_{corr} = \left[0.77 \log_{10} \left(\frac{1.92}{\sigma_v'} \right) \right] N \qquad (2.3\text{-}12)$$

여기서,

N_{corr} = 상재응력 σ_v'에 대하여 수정한 말뚝 선단근처의 대표적인 SPT 타격횟수(타/300 ㎜)

N = SPT 타격횟수(타/300 ㎜)

D = 말뚝의 폭 또는 직경(㎜)

D_b = 지지층에 관입된 말뚝길이 (㎜)

q_l = 한계 선단지지력으로 사질토인 경우 $0.4 N_{corr}$
비소성 실트인 경우 $0.3 N_{corr}$을 사용한다(MPa).

나. 사질토에 설치된 말뚝의 공칭 주면마찰력 q_s는 다음과 같으며, 단위는 MPa이다.
(가) 배토 말뚝

$$q_s = 0.0019 \overline{N} \qquad (2.3\text{-}13)$$

(나) 비배토 말뚝(예, □ 형 강말뚝)

$$q_s = 0.00096 \overline{N} \qquad (2.3\text{-}14)$$

여기서, q_s = 타입말뚝에 대한 단위 주면마찰력(MPa)

$\overline{N}$ = 말뚝 주면을 따라 얻은 보정하지 않은 평균 SPT 타격횟수(타/300 ㎜)

5) 주면마찰력 평가

▶ KDS 11 50 20 : 2018 깊은기초 설계기준(한계상태설계법)

> 2. 타입말뚝
> 2.3 극한한계상태의 지지력
>
> 다. 주면마찰력
>
> (가) 말뚝의 공칭 주면마찰력 Q_s는 다음 식으로 계산하고, 단위는 N이다.
>
> $$Q_s = K_{s,c}[\sum_{i=1}^{N_1}(\frac{L_i}{8D_i})f_{si}a_{si}h_i + \sum_{i=1}^{N_2}f_{si}a_{si}h_i] \quad (2.3\text{-}16)$$
>
> 여기서,
>
> $K_{s,c}$ = 보정계수, 그림 2.3-14에서 점성토는 K_c, 사질토는 K_s를 사용
> L_i = 고려 지점에서 각 요소의 중간지점까지 깊이(mm)
> D_i = 고려 지점에서 말뚝의 직경 또는 폭(mm)
> f_{si} = 고려 지점에서 CPT로 구한 단위 국부 주면마찰력(MPa)
> a_{si} = 고려 지점의 말뚝 둘레(mm)
> h_i = 고려 지점의 요소 길이
> N_1 = 지표면과 지표면 아래 $8D$점 사이의 요소 수
> N_2 = 지표면 아래 $8D$점과 말뚝의 선단사이의 요소 수

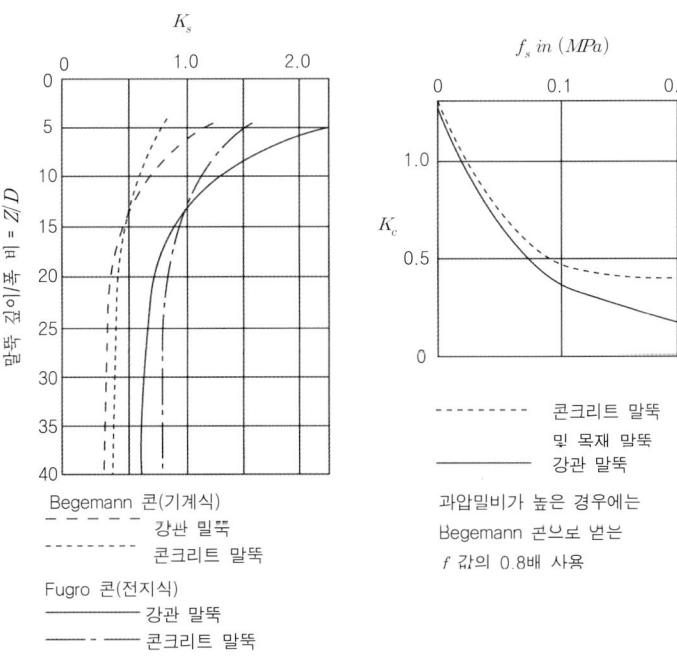

그림 2.3-14 주면마찰 보정계수 K_s와 K_c

(Nottingham and schmertmann, 1975)

6) 부주면 마찰력

▶ KDS 41 20 00 : 2019 건축물 기초구조 설계기준(계속)

---

4. 설계

4.4 말뚝기초

4.4.8 말뚝에 작용하는 부마찰력

지반침하가 생기는 지역 및 그 가능성이 있는 지역으로 15 m 이상에 걸쳐 압밀층 및 그 영향을 받는 층을 관통하여 타설된 말뚝 설계에 있어서 일반하중에 대한 검토 외에 말뚝 주면에 하향으로 작용하는 부마찰력에 대해 다음의 각항에 따라 말뚝내력의 안정성을 검토하여야 한다.

4.4.8.1 부마찰력의 검토

부마찰력 검토는 다음 식 (4.4-4) 및 식 (4.4-5)에 따른다.

$$(P_p + P_{FN})/A_{pn} \leq f_s \qquad (4.4\text{-}4)$$

$$P_p + P_{FN} \leq (R_{up} + R_F)/1.2 \qquad (4.4\text{-}5)$$

여기서, P_p : 말뚝머리에 작용하는 하중(kN)

P_{FN} : 부마찰력에 따라 중립점에 생기는 말뚝의 최대축력(kN)

A_{pn} : 말뚝의 실단면적(m^2)

f_s : 말뚝재료의 허용응력(kN/m^2)

R_{up} : 말뚝선단의 극한지지력(kN)

R_F : 중립점에서 하부 말뚝 주면의 마찰력에 따른 극한지지력(kN)

4.4.8.2 단일말뚝

단일말뚝의 P_{FN} 과 R_F는 다음의 식 (4.4-6) 및 식 (4.4-7)에 따라 산정한다.

$$P_{FN} = \lambda \cdot \psi \cdot \int_0^{L_n} \tau \cdot dz \qquad (4.4\text{-}6)$$

$$R_F = \lambda \cdot \psi \cdot \int_{L_n}^{L} \tau \cdot dz \qquad (4.4\text{-}7)$$

여기서, λ : 말뚝선단의 형상에 따른 계수 λ값은, 타입콘크리트말뚝이 개당선단으로
지름이 600 mm 이상 : 0.8
타입말뚝, 매입말뚝은 실정에 따라 : 1.0~0.6
기타 : 1.0으로 한다.

ψ : 말뚝의 주장 (m)

τ : 말뚝주면의 부마찰응력 (kN/m^2)

L_n : 말뚝머리에서 중립점까지의 거리 (m)

L : 말뚝의 전길이 (m)

> KDS 41 20 00 : 2019 건축물 기초구조 설계기준

4.4.8.3 무리말뚝

무리말뚝의 각 말뚝에 작용하는 부마찰력은 말뚝상호간의 영향을 고려하여 단일말뚝의 P_{FN}을 저감하여 구한다.

$$P_{FNi} = \beta_i \cdot P_{FN} \qquad (4.4\text{-}8)$$

여기서, β_i : 각 말뚝의 부담면적과 A_s 와의 비($= A_{GPi}/A_s$)
A_{GPi} : 각 말뚝의 부담면적 (m²)
A_s : 말뚝의 중심에서 이웃 말뚝의 중심간 거리를 반경으로 하는 원의 면적 (m²)

7) 암반층 지지에서의 지지력

> KDS 11 50 20 : 2018 깊은기초 설계기준(한계상태설계법)(계속)

2. 타입말뚝

2.3 극한한계상태의 지지력

(5) 암반지지 말뚝

① 암반층에 지지되는 말뚝의 선단지지력에 대한 저항계수는 KDS 11 50 10 (2.5) 표 2.5-2에 언급된 값을 사용한다. 말뚝 폭(또는직경)과 암반의 불연속면 간격이 300mm보다 크거나, 속이 차 있지 않은 불연속면의 폭이 6.4mm보다 작거나, 혹은 흙 또는 암편으로 차있는 불연속면의 폭이 25mm보다 작은 경우에 대해서 암반에 설치된 타입말뚝의 공칭 단위 선단지지력 q_p(MPa)는 다음 식을 통해 구한다.

$$q_p = 3q_u K_{sp} d \qquad (2.3\text{-}17)$$

위의 식에서,

$$K_{sp} = \frac{3 + \dfrac{s_d}{D}}{10\sqrt{1 + 300\dfrac{t_d}{s_d}}} \qquad (2.3\text{-}18)$$

$$d = 1 + 0.4 H_s/D_s \leq 3.4$$

여기서,

q_u = 암석시편의 평균 일축압축강도(MPa)
d = 무차원 깊이계수
K_{sp} = 그림 2.3-15의 무차원 지지력계수
s_d = 불연속면 간격(mm)
t_d = 불연속면 폭(mm)
D = 말뚝 폭(mm)
H_s = 암반에 근입된 말뚝의 근입깊이로서 기반암에 위에 놓인 경우 0으로 본다.
D_s = 암반 근입부 말뚝 폭(mm)

▶ KDS 11 50 20 : 2018 깊은기초 설계기준(한계상태설계법)

② ①의 방법은 연약한 셰일 또는 연약한 석회암과 같은 연암에 대해서는 사용해서는 안 된다. 연약한 암반에 지지되는 말뚝은 (3)의 점성토에 의해 지지되는 말뚝과 (4)의 사질토에 의해 지지되는 말뚝에 대해 규정된 것과 같이 연약한 암반을 흙으로 보고 설계를 한다.

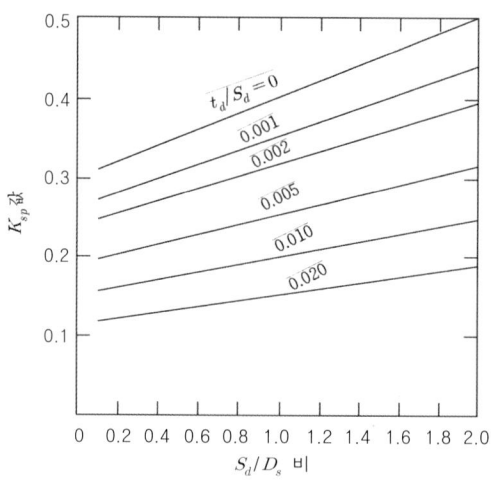

그림 2.3-15 지지력계수
(Canadian Geotechnical Society, 1985)

8) 말뚝의 침하

▶ KDS 41 20 00 : 2019 건축물 기초구조 설계기준(계속)

4. 설계

4.4 말뚝기초

4.4.9 말뚝의 침하

4.4.9.1 침하검토

예상되는 하중에 따른 말뚝의 침하량 및 부등침하량과 말뚝의 침하에 따라 발생하는 기초부재 또는 상부구조의 응답값이 설계용 한계값에 이르지 않도록 검토하여야한다. 침하검토가 중요하지 않은 말뚝기초에서는 말뚝하중이 설계용 한계값인 극한지지력의 1/3 이하인 경우에 한해 침하검토를 생략할 수 있다.

4.4.9.2 지중응력

말뚝의 침하량은 말뚝머리에 작용한 하중이 말뚝본체에서 지반에 전달되어 생기는 지중응력을 산정하여 지중응력의 증가에 따른 지반의 변형을 적분해서 평가한다.

4.4.9.3 압밀침하

말뚝기초가 일상적으로 작용하는 하중에 대해서 압밀침하가 발생할 우려가 있는 연약점성토층이나 중간모래층에 지지된 경우에는 말뚝침하량을 즉시침하량과 압밀침하량의 합으로 한다.

▶ KDS 41 20 00 : 2019 건축물 기초구조 설계기준

4.4.9.4 단일말뚝의 침하량

단일말뚝의 침하량은 연직재하시험 또는 말뚝-지반계를 적절히 모델화한 침하해석에 따라 평가할 수 있다.

4.4.9.5 무리말뚝의 즉시침하량

무리말뚝의 즉시침하량은 간이계산법이나 상세계산법으로 산정할 수 있다.

4.4.9.6 기초의 변형각 및 경사각

기초의 변형각 및 경사각은 원칙적으로 상부구조의 강성을 고려한 해석에 따라 평가하여야 한다.

4.4.9.7 지진의 영향

지진 시 액상화 가능성이 있는 지반에 설치된 말뚝은 액상화 영향을 고려하여 침하량을 평가하여야 한다. 또 지진 시 말뚝에 인발력이 작용하는 경우에는 기초의 변형이 인발력에 따른 말뚝의 부상에 따라 발생하기 때문에 말뚝기초 전체에 대해 검토하여야 한다.

9) 말뚝기초의 내진해석

▶ KDS 41 20 00 : 2019 건축물 기초구조 설계기준(계속)

4. 설계

4.4 말뚝기초

4.4.12 말뚝기초의 내진해석

(1) 말뚝기초의 내진해석에서는 기초지반과 상부구조물의 특성을 고려하여 지진하중을 말뚝머리에 작용하는 등가정적하중으로 환산한 후 정적해석을 수행한다.

(2) 무리말뚝의 경우 무리말뚝 해석을 통하여 구조물의 하중을 각 단일말뚝에 분배하고, 이 때 가장 큰 하중을 받는 단일말뚝에 대하여 등가정적해석을 수행한다.

4.4.13 말뚝기초의 내진상세

(1) 내진설계범주 C 또는 D로 분류된 구조물에 사용하는 콘크리트 말뚝의 띠철근 및 나선철근은 KDS 41 30 00(4.3 및 4.18)에서 규정하고 있는 갈고리 상세에 따라 배근하여야 한다.

(2) 내진설계범주 C 또는 D로 분류된 구조물에 사용하는 말뚝의 이음부는 다음 중 작은 값에 견딜 수 있어야 한다.

① 말뚝재료의 공칭강도

② KDS 41 17 00(8.1.2.3)의 특별지진하중으로 부터 발생된 축력, 전단력, 모멘트

(3) 내진설계범주 C 또는 D로 분류된 구조물에서 프리텐션이 사용되지 않은 기성콘크리트말뚝의 종방향 주철근비는 전체 길이에 대해 1 % 이상으로 하고, 횡방향철근은 직경 9.5 mm 이상의 폐쇄 띠철근이나 나선철근을 사용하여야 한다.

▶ KDS 41 20 00 : 2019 건축물 기초구조 설계기준

(4) 내진설계범주 C로 분류된 구조물의 현장타설말뚝에서 종방향 주철근은 4개 이상 또한 설계단면적의 0.25% 이상으로 하고, 말뚝머리로 부터 다음에 규정하는 최댓값의 구간에 배근하여야 한다.
 ① 말뚝길이의 1/3
 ② 말뚝최소직경의 3배
 ③ 3.0m
 ④ 말뚝의 상단으로부터 식 (4.4-9)에 따라 계산한 설계균열모멘트가 KDS 41 10 15(1.5)의 하중조합을 반영하여 산정한 소요휨강도를 초과하는 지점까지의 거리

(5) 현장타설말뚝의 횡방향철근은 직경 10 mm 이상의 폐쇄띠철근이나 나선철근을 사용하고, 간격은 말뚝머리부터 말뚝직경의 3배의 구간에는 주철근직경의 8배와 150 mm중 작은값 이하로 하고, 나머지 구간의 간격은 주철근직경의 16배를 초과하지 않아야 한다.

(6) 내진설계범주 D로 분류된 구조물에 사용되는 현장타설말뚝의 종방향 주철근은 4개 이상 또한 설계단면적의 0.5% 이상으로 하고, 말뚝머리로 부터 다음에 규정하는 최댓값의 구간에 배근하여야 한다.
 ① 말뚝길이의 1/2
 ② 말뚝최소직경의 3배
 ③ 3.0 m
 ④ 말뚝의 상단으로부터 식 (4.4-9)에 따라 계산한 설계균열모멘트가 KDS 41 10 15(1.5)의 하중조합을 반영하여 산정한 소요휨강도를 초과하는 지점까지의 거리

(7) 내진설계범주 D로 분류된 구조물에 사용하는 말뚝은 기초판과의 구속에 따른 인발력 및 휨모멘트에 의해 발생되는 축력을 조합하여 설계하여야하며, 말뚝의 인장강도의 25 % 이상 발휘할 수 있도록 기초판속으로 정착하여야한다. 또한 말뚝머리의 정착은 다음의 규정을 만족하여야 한다.
 ① 종방향 주철근 직경의 12배
 ② 말뚝 최소직경의 1/2
 ③ 305 mm

(8) 내진설계범주 D로 분류된 구조물에 사용되는 현장타설말뚝의 종방향 주철근은 4개 이상 또한 설계단면적의 0.5% 이상으로 하고, 말뚝머리로 부터 다음에 규정하는 최댓값의 구간에 배근하여야 한다.
 ① 인발에 대한 정착은 다음중 최솟값에 저항할 수 있어야한다.
  가. 말뚝의 종방향 주철근의 공칭인장강도
  나. 철골부재의 공칭인장강도
  다. 말뚝과 지반 사이의 마찰력의 1.3배
 ② 비틀림저항에 대한 정착은 KDS 41 17 00(8.1.2.3.)의 특별지진하중에 의해 발생되는 축력, 전단력, 휨모멘트를 저항하도록 설계하거나 또는 말뚝의 축력, 휨, 전단에 대한 공칭강도를 저항할 수 있어아 한다.

3.2.3 말뚝 전면 복합기초(직접기초 +말뚝기초) 설계절차

1) 병용기초 설계 원리

▶ KDS 41 20 00 : 2019 건축물 기초구조 설계기준

---
4. 설계

4.5 병용기초

4.5.4 말뚝전면복합기초((Piled Raft Foundation)

(1) 말뚝전면복합기초는 직접기초와 말뚝기초가 복합적으로 상부구조를 지지하는 기초형식으로서 직접기초의 설계요구조건을 기본으로 하고, 말뚝체 및 말뚝머리 접합부 등의 관련 부분에 대한 설계요구조건을 동시에 만족하여야 한다.

(2) 말뚝전면복합기초는 다음의 사항을 검토하여 안전성을 확인하여야 한다.

① 상부구조에 대하여 영향을 줄 수 있는 기초부재의 변형 및 변형각이 구조적인 안전성을 확보할 수 있는 허용치 이내가 되도록 해야 한다.

② 기초부재에 작용하는 각 부재의 응력, 변형각, 균열폭 등에 대하여 검토하여야 한다.

③ 기초지반의 연직지지력, 침하량을 검토하고 전면기초판 하부 지반의 다짐도를 확인해야 한다. 또한 KDS 41 10 10(10)에 따라 시험을 실시하여 말뚝 및 기초지반의 안전성을 확인하여야 한다.

---

2) 케이슨 기초

▶ KDS 41 20 00 : 2019 건축물 기초구조 설계기준

---
4. 설계

4.6 케이슨기초

4.6.1 기본원칙

케이슨은 상부구조로부터의 응력, 토압, 수압 외에 시공 중의 각 조건에 대해 충분히 안전하도록 그 각 부분을 설계하여야 한다.

4.6.2 지지력

케이슨기초의 지지력 산정에 있어서 그 지지력은 선단지지력만으로 하고 지지력과 침하량은 4.3의 설계에 준한다.

3.2.4 말뚝 자체 안정성 검토

1) 콘크리트 부재 검토

콘크리트 재료로 되어 있는 말뚝은 콘크리트 구조 설계기준을 따른다.

2) 압축부재로서의 검토

▶ KDS 41 30 00 : 2019 건축물 기초구조 설계기준(계속)

4.2 압축재

이 절은 중심축 압축력을 받는 부재에 적용한다.

4.2.1 일반사항

설계압축강도 $\phi_c P_n$ 은 다음과 같이 산정한다.

공칭압축강도 P_n 은 휨좌굴, 비틀림좌굴, 휨-비틀림좌굴의 한계상태 중에서 가장 작은 값으로 한다.

(1) 2축대칭부재와 1축대칭부재는 휨좌굴에 대한 한계상태를 적용할 수 있다..(2) 1축대칭부재와 비대칭부재, 그리고 십자형이나 조립기둥과 같은 2축대칭부재는 비틀림좌굴 또는 휨-비틀림좌굴에 대한 한계상태를 적용할 수 있다.

$$\phi_c = 0.90$$

4.2.2 유효좌굴길이와 세장비 제한

유효좌굴길이계수 K 와 기둥의 세장비 (KL/r) 산정은 1.5.6에 따른다. 압축력에 기초하여 설계되는 부재의 세장비 (KL/r) 는 가급적 200을 넘지 않도록 한다.

여기서, L : 휨좌굴에 대한 비지지길이, mm
r : 단면2차반경, mm
K : 1.5.6.2에서 결정되는 유효좌굴길이계수

4.2.3 휨좌굴에 대한 압축강도

이 조항은 콤팩트 및 비콤팩트 단면인 압축재에 적용된다. 비틀림에 대한 비지지길이가 휨좌굴에 대한 비지지길이보다 큰 경우, H형강 기둥과 그와 유사한 기둥의 설계는 이 조항에 따른다. 공칭압축강도 P_n 은 휨좌굴에 대한 한계상태에 기초하여 다음과 같이 산정한다.

$$P_n = F_{cr} A_g \qquad (4.2\text{-}1)$$

휨좌굴응력 F_{cr} 은 다음과 같이 산정한다.

(1) $\dfrac{KL}{r} \leq 4.71\sqrt{\dfrac{E}{F_y}}$ 또는 $F_y/F_e \leq 2.25$ 인 경우

$$F_{cr} = \left[0.658^{\frac{F_y}{F_e}}\right] F_y \qquad (4.2\text{-}2)$$

▶ KDS 41 30 00 : 2019 건축물 기초구조 설계기준(계속)

(2) $\dfrac{KL}{r} > 4.71\sqrt{\dfrac{E}{F_y}}$ 또는 $F_y/F_e > 2.25$인 경우

$$F_{cr} = 0.877 F_e \quad (4.2\text{-}3)$$

A_g : 부재의 총단면적, mm²
F_y : 강재의 항복강도, MPa
E : 강재의 탄성계수, MPa
K : 유효좌굴길이계수
L : 부재의 횡좌굴에 대한 비지지길이, mm
r : 좌굴축에 대한 단면2차반경, mm

4.2.4 비틀림좌굴, 휨 - 비틀림좌굴에 대한 압축강도

1축대칭 또는 비대칭부재, 얇은 판으로 된 +형 또는 조립기둥과 같은 2축대칭기둥은 휨-비틀림과 비틀림좌굴의 한계상태를 고려하여야 한다. 4.2.5에서 다루어지는 단일ㄱ형강은 이 절에 적용되지 않는다. 휨-비틀림좌굴, 비틀림좌굴에 대한 한계상태의 공칭압축강도 P_n은 다음과 같이 산정한다.

$$P_n = F_{cr} A_g \quad (4.2\text{-}5)$$

4.2.4.1 쌍ㄱ형강 또는 T형강압축부재의 경우

$$F_{cr} = \left(\dfrac{F_{cry} + F_{crz}}{2H}\right)\left[1 - \sqrt{1 - \dfrac{4 F_{cry} F_{crz} H}{(F_{cry} + F_{crz})^2}}\right] \quad (4.2\text{-}6)$$

여기서, y축 대칭에 대한 휨좌굴에 대해서 F_{cry}는 식 (4.2.2)와 식 (4.2.3)에서 구한 F_{cr}값을 사용하고 $\dfrac{KL}{r} = \dfrac{KL}{r_y}$을 사용한다. 또한, $F_{crz} = \dfrac{GJ}{A_g \overline{r_0}^2}$ (4.2-7)

4.2.4.2 다른 모든 경우

다음에서 산정되는 탄성비틀림좌굴응력과 탄성휨-비틀림좌굴응력 F_e를 사용하여 식 (4.2-2)와 식 (4.2-3)에 따라 F_{cr}값을 산정한다.

(1) 2축대칭부재의 경우

$$F_e = \left[\dfrac{\pi^2 E C_w}{(K_z L)^2} + GJ\right]\dfrac{1}{I_x + I_y} \quad (4.2\text{-}8)$$

> KDS 41 30 00 : 2019 건축물 기초구조 설계기준

(2) y축에 대칭인 1축대칭부재의 경우

$$F_e = \left(\frac{F_{ey} + F_{ez}}{2H}\right)\left[1 - \sqrt{1 - \frac{4F_{ey}F_{ez}H}{(F_{ey} + F_{ez})^2}}\right] \quad (4.2\text{-}9)$$

(3) 비대칭부재의 경우 다음 방정식의 해 중 가장 작은 해를 F_e로 사용한다.

$$(F_e - F_{ex})(F_e - F_{ey})(F_e - F_{ez}) - F_e^2(F_e - F_{ey})\left(\frac{x_0}{\overline{r_0}}\right)^2 - F_e^2(F_e - F_{ex})\left(\frac{y_o}{\overline{r_0}}\right)^2 = 0 \quad (4.2\text{-}10)$$

여기서, A_g : 부재의 총단면적, mm²

C_w : 뒤틀림상수, mm⁶

$\overline{r_0}^2 = x_0^2 + y_0^2 + \dfrac{I_x + I_y}{A_g}$

$H = 1 - \dfrac{x_0^2 + y_0^2}{\overline{r_0}^2}$

$F_{ex} = \dfrac{\pi^2 E}{\left(\dfrac{K_x L}{r_x}\right)^2}$

$F_{ey} = \dfrac{\pi^2 E}{\left(\dfrac{K_y L}{r_y}\right)^2}$

$F_{ez} = \left[\dfrac{\pi^2 E C_w}{(K_z L)^2} + GJ\right]\dfrac{1}{A_g \overline{r_0}^2}$

G : 강재의 전단탄성계수, MPa

I_x, I_y : 주축에 대한 단면2차모멘트, mm⁴

J : 비틀림상수, mm⁴

K_z : 비틀림좌굴에 대한 유효좌굴길이계수

x_0, y_0 : 단면중심에 대한 전단중심의 좌표, mm

$\overline{r_0}$: 전단중심에 대한 극2차반경, mm

r_y : y축에 대한 단면2차반경, mm

2축대칭 H형단면의 경우, $C_w = I_y h_0^2 / 4$ 값을 사용할 수 있다. 여기서 h_0는 플랜지중심 간의 거리를 나타낸다. T형강 또는 쌍ㄱ형강의 경우, F_{ez}를 계산할 때 C_w를 포함한 항을 삭제하고 x_0를 0으로 놓는다.

제 4 장 　 직접기초 설계

4.1 **직접기초 적용범위 및 설계조건**

4.2 **지진특성 산정**

4.3 **건축물 지진에 의한 하중**

4.4 **기초 접지압 산정**

4.5 **기초지반 지지력 평가**

4.6 **건축물 침하 평가**

4.7 **허용지내력 평가**

제 4 장 직접기초 설계

4.1 직접기초 적용범위 및 설계조건

4.1.1 직접기초 적용범위

직접기초는 지반이 좋은 조건, 풍화암 정도 이상인 경우에 적용할 수 있다. 다음 [표 4.1]은 개략적인 지지력 평가를 수행한 결과이며, N값에 따른 지반의 지지력과 직접기초가 가능한 지반이라고 판단된다. 다음은 지반의 N값으로 적용가능한 층수별 필요 지지력을 표시한 것이며, 침하검토가 추가되는 경우 N=20 이하에서는 지지층으로 하지 않는 것이 건물의 안정성을 확보하는 것이라 판단된다. N=20~30범위인 경우는 병용기초(Piled Raft Foundation)를 적용하는 것이 건물의 안정성을 확보하는 것이다.

[표 4.1] 건물 층별 지지력 평가 검토

N	qult(kPa)	qa(kPa)	건물층수	지압응력(kPa)	비고
10	256	85.33	5	75	OK
15	384	128.00	6	90	OK
20	512	170.67	8	120	OK
25	640	213.33	10	150	OK
30	768	256.00	15	225	OK
35	896	298.67	16	240	OK
40	1024	341.33	20	300	OK
50	1280	426.67	25	375	OK
60	1536	512.00	30	450	OK

4.1.2 직접기초 설계조건

직접기초의 설계조건은 다음과 같이 가정한다.

- 지상 5층 / 지하 1층 / 층간높이 3.0m
- 건물무게 : 15.0kN/m^2
- 건물 밑면적 : B=10.0m, L=10.0m
- 지역 : 서울시 성북구
- 내진등급 : I 등급 지역
- 지반조건 : 풍화암 N=60

4.2 지진특성 산정

4.2.1 건축물의 중요도 결정

건축물 설계에서 내진 등급을 결정하기 위해서는 중요도를 결정하는데, 중요도(1)에 대한 내용은 다음과 같다. 5층 이상이고 다가구가 거주하는 것으로 분류한다면 중요도(1)에 해당된다고 판단된다.

(1) 연면적 1,000 ㎡ 미만인 위험물 저장 및 처리시설

(2) 연면적 1,000 ㎡ 미만인 국가 또는 지방자치단체의 청사·외국공관·소방서·발전소·방송국·전신 전화국

(3) 연면적 5,000 ㎡ 이상인 공연장·집회장·관람장·전시장·운동시설·판매시설·운수시설(화물 터미널과 집배송시설은 제외함)

(4) 아동관련시설·노인복지시설·사회복지시설·근로복지시설

(5) 5층 이상인 숙박시설·오피스텔·기숙사·아파트

(6) 학교

(7) 수술시설과 응급시설 모두 없는 병원, 기타 연면적 1,000 ㎡ 이상인 의료시설로서 중요도(특)에 해당하지 않는 건축물

4.2.2 내진등급과 중요도 계수 결정

건축물의 중요도가 결정되면, 적용 내진 등급과 중요도 계수를 결정한다. 다음은 설계기준에서 제시한 내진등급과 중요도 계수이다.

- 건물의 중요도 : 중요도(1)
- 내진등급 : I
- 내진등급에 따른 중요도 계수 : 1.2

[표 4.2] 내진등급과 중요도계수

건축물의 중요도[1]	내진등급	내진설계 중요도계수(I_E)
중요도(특)	특	1.5
중요도(1)	I	1.2
중요도(2), (3)	II	1.0

1) KDS 41 10 05 (3.건축물의 중요도분류)에 따름

※ KDS 41 17 00 : 2019 건축물 기초구조 설계기준

계획하는 건축물의 지하실이 있는 경우는 다음 사항을 참조하여 중요도를 결정하며, 그렇지 않은 경우는 지상구조물의 내진등급을 따르며, 본 검토에서는 지상구조물의 지반등급을 따른다.

- 지하구조물은 건축물로 분류된 구조물(단독 지하주차장, 지하역사, 지하도 상가 등)과 건축물의 지상층과 연결되어 있는 지하구조물(공동주택의 지하주차장 등)이다.
- 지하구조물의 중요도

  지하구조물의 중요도는 용도 및 규모에 따라 KDS 41 10 05 건축구조기준 총칙의 3. 건축물의 중요도 분류를 따른다. 다만, 지하층이 있는 건축물에서 지하층이 지상층에 비하여 넓은 평면을 가지는 경우, 지상층으로부터 전달되는 하중을 부담하는 영역 및 주요한 횡력(토압, 수압 등)을 지지하는 부재는 지상층의 중요도를 따르며, 그외 부분의 중요도는 지하층의 용도에 따라서 중요도계수를 다르게 적용할 수 있다.

4.2.3 유효지반가속도 산정

가. 지진구역 계수 이용방법

우리나라 지진구역 및 이에 따른 지진구역계수(Z)는 각각 국가설계기준(KDS 17 10 00 : 2018 내진설계 일반)을 따른다.

$$S = z \times I = 0.11 \times 2.0 = 0.22$$

[표 4.3] 지진구역

지진구역		행 정 구 역
I	시	서울, 인천, 대전, 부산, 대구, 울산, 광주, 세종
	도	경기, 충북, 충남, 경북, 경남, 전북, 전남, 강원 남부1
II	도	강원 북부2, 제주
1 강원 남부(군, 시) : 영월, 정선, 삼척, 강릉, 동해, 원주, 태백		
2 강원 북부(군, 시) : 홍천, 철원, 화천, 횡성, 평창, 양구, 인제, 고성, 양양, 춘천, 속초		

※ KDS 17 10 00 : 2018 내진설계 일반

[표 4.4] 지진구역계수(평균재현주기 500년에 해당)

지진구역	I	II
지진구역계수, Z	0.11	0.07

※ KDS 17 10 00 : 2018 내진설계 일반

[표 4.5] 위험도 계수

평균재현주기(년)	50	100	200	500	1,000	2,400	4,800
위험도계수, I	0.40	0.57	0.73	1	1.4	2.0	2.6

※ KDS 17 10 00 : 2018 내진설계 일반

나. 지도에서 검색

다음은 지도에서 검색하는 방법으로, 서울은 2400년 기준으로 0.16에 가깝다.

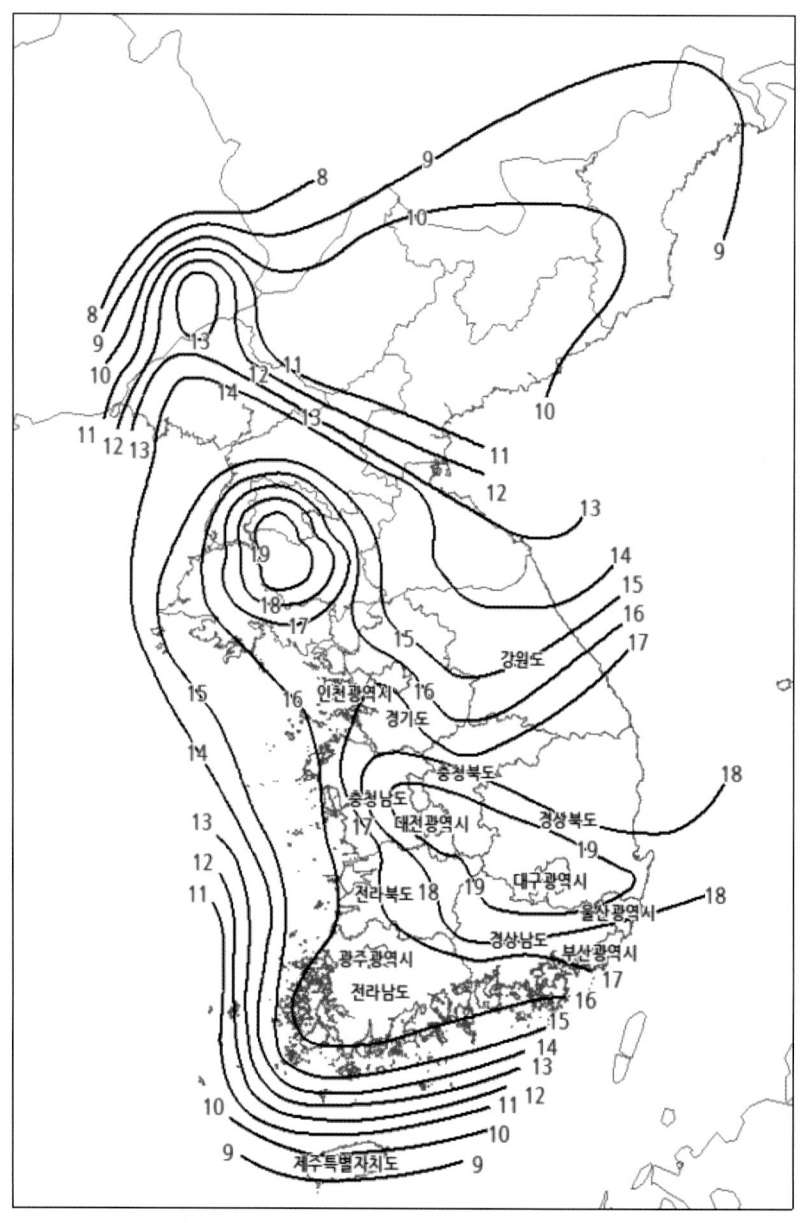

[그림 4.1] 국가지진위험지도, 재현주기 2400년 최대고려지진의 유효지반가속도(S)% (소방방재청, 2013)

4.2.4 지반 증폭계수

단주기 지반증폭계수 F_a와 1초 주기 지반증폭계수 F_v는 각각 다음 [표 4.6], [표 4.7]과 같으며, 지반의 등급은 조사를 하지 않은 경우는 S_5 또는 S_6로 정하고, 조사하지 않은 경우는 S_4로 정할 수 있다. 원칙적으로 지반조사는 하여야 한다.

- S = 0.22, 지반등급 S4
- F_a = 1.4
- F_v = 2.0

정확하게는 S=0.2, F_a=1.4와 S=0.3, F_a=1.2의 중간값을 보간법을 이용하여 S=0.22의 F_a, F_v의 값을 산정하는 것이다. 안정성을 고려하여 높은 값을 적용할 때는 문제가 없다.

[표 4.6] 단주기지반증폭계수, F_a

지반종류	지진지역		
	s≤0.1	s=0.2	s=0.3
S_1	1.12	1.12	1.12
S_2	1.4	1.4	1.3
S_3	17	1.5	1.3
S_4	1.6	1.4	1.2
S_5	1.8	1.3	1.3

* s는 설계스펙트럼 가속도 산정식 (4.2-1)에 적용된 값이다. 위 표에서 s의 중간값에 대하여는 직선보간한다.

[표 4.7] 1초주기 지반증폭계수, F_v

지반종류	지진지역		
	s≤0.1	s=0.2	s=0.3
S_1	0.84	0.84	0.84
S_2	1.5	1.4	1.3
S_3	1.7	1.6	1.5
S_4	2.2	2.0	1.8
S_5	3.0	2.7	2.4

* s는 설계스펙트럼 가속도 산정식 (4.2-1)에 적용된 값이다. 위 표에서 s의 중간값에 대하여는 직선보간한다.

(1) 지하층 및 지상층 건물의 설계에는 단일값의 대표지반증폭계수를 사용해야 하며, 이때 대표지반증폭계수는 각 지반조사 위치에서 결정된 값의 평균값으로 정하거나, 설계상에 가장 불리한 값으로 정한다. 하나의 지하층 구조로 연결된 복수의 지상층 건물의 설계에도 단일값의 대표지반증폭계수를 사용한다.

(2) 건물이 급격한 경사지에 건설되는 경우 대표지반증폭계수는 각 지반조사위치에서 결정된 값 중에서 설계상에 가장 불리한 값으로 정한다.

(3) F_a와 F_v값을 부지고유의 지진응답해석을 수행하여 결정할 수 있다. 이 경우 부지고유응답해석으로 산정한 설계스펙트럼가속도 S_{DS}와 S_{D1}는 지진구역계수(Z)와 2400년 재현주기에 해당하는 위험도 계수(I) 2.0을 곱한 값에 [표 4.6], [표 4.7]의 (2)항에 제시된 해당지반의 증폭계수를 적용하여 구한 값의 80 % 이상이어야 한다.

4.2.5 설계스펙트럼 가속도

(1) 단주기와 주기 1초의 설계스펙트럼가속도 S_{DS}, S_{D1}은 다음 식에 의하여 산정한다.

$$S_{DS} = S \times 2.5 \times F_a \times 2/3$$

$$S_{D1} = S \times F_v \times 2/3$$

여기서, F_a와 F_v는 각각 [표 4.6]과 [표 4.7]에 규정된 지반증폭계수이다.

(2) 기반암의 깊이가 20m를 초과하고 지반의 평균 전단파속도가 360m/s 이상인 경우, [표 4.7]에 규정된 F_v의 80%를 적용한다.

(3) 지반분류가 S_5이고 기반암의 깊이가 불분명한 경우, [표 4.6]과 [표 4.7]에 규정된 F_a와 F_v의 110%를 적용한다.

$$S_{DS} = S \times 2.5 \times F_a \times 2/3 = 0.2 \times 2.5 \times 1.4 \times 2/3 = 0.4667$$

$$S_{D1} = S \times F_v \times 2/3 = 0.2 \times 2 \times 2/3 = 0.2667$$

4.2.6 고유주기의 약산법

근사 고유주기 T_a(초)는 다음 식에 따라 구한다.

$$T_a = C_t h_n^x$$

여기서, C_t = 0.0466, x=0.9 : 철근콘크리트모멘트골조
C_t = 0.0724, x=0.8 : 철골모멘트 골조
C_t = 0.0731, x=0.75 : 철골 편심가새골조 및 철골 좌굴방지가새골조
C_t = 0.0488, x=0.75 : 철근콘크리트전단벽구조, 기타골조
h_n : 건축물의 밑면으로부터 최상층까지의 전체높이(m)

(1) 강성에 영향을 줄 수 있는 비보강채움벽이 있는 철근콘크리트모멘트골조, 철골모멘트골조의 주기는 상기식에 2/3를 곱하여 산정한다. 콘크리트 전단벽체가 주요 횡저항 시스템인 경우에는 기타골조의 주기식을 적용한다.

(2) 철근콘크리트와 철골 모멘트저항골조에서 12층을 넘지 않고, 층의 최소높이가 3m 이상일 때 근사 고유주기 T_a는 아래 식에 의하여 구할 수 있다.

$$T_a = 0.1N$$

여기서, N : 층수

(3) 12층 이하인 경우 다음식으로 산정할 수 있다.

$$T_a = 0.1N \equiv 0.1 \times 5 = 0.5$$

$$T_a = C_t \times 5_h^x = 0.0466 \times 5^{0.9} = 0.1986$$

여기서, C_t = 0.0466, x=0.9 : 철근콘크리트모멘트골조

4.2.7 지진응답계수

(1) 지진응답계수 C_s는 다음과 같이 구한다.

- R = 4, I_E = 1.2

$$C_s = \frac{S_{DS}}{\left[\dfrac{R}{I_E}\right]} = \frac{0.4667}{\left[\dfrac{4}{1.2}\right]} = 0.140$$

(2) 산정한 지진응답계수 C_s는 다음 값을 초과하지 않아야 한다.

$T \leq T_L$: $\quad C_s = \dfrac{S_{D1}}{\left[\dfrac{R}{I_E}\right]T} = \dfrac{0.2667}{\left[\dfrac{4}{1.2}\right] \times 0.1986} = 0.403$

$T > T_L$: $\quad C_s = \dfrac{S_{D1}\,T_L}{\left[\dfrac{R}{I_E}\right]T^2} = \dfrac{0.2667 \times 5}{\left[\dfrac{4}{1.2}\right] \times 0.1986^2} = 10.142$

(3) 그러나 지진응답계수 C_s는 다음 값 이상이어야 한다.

$$C_s = 0.044\,S_{DS}I_E = 0.044 \times 0.4667 \times 1.2 = 0.0246 \geq 0.01$$

여기서, I_E : 표 2.2-1에 따라 결정된 건축물의 중요도계수
R : 표 6.2-1에 따라 결정한 반응수정계수
S_{DS} : 4.2에 따른 단주기 설계스펙트럼가속도
S_{D1} : 4.2에 따라 결정한 주기 1초에서의 설계스펙트럼가속도
T : 7.2.3에 따라 산정한 건축물의 고유주기(초)
T_L : 5초

4.3 건축물 지진에 의한 하중

건물 기초 하부에 지진으로 발생되는 하중은 건물에 발생되는 지진력과 같기 때문에 다음과 같이 산정한다. 주의할 점은 지하층이 있는 경우, 그림과 같이 지진토압을 산정하여 추가해야 하며, 이때 하중조합의 원칙을 따라야 한다. 또한 지하구조물 지진 등급을 다르게 할 경우는 지하층과 지상층, 토압으로 나누어 산정해야 한다.

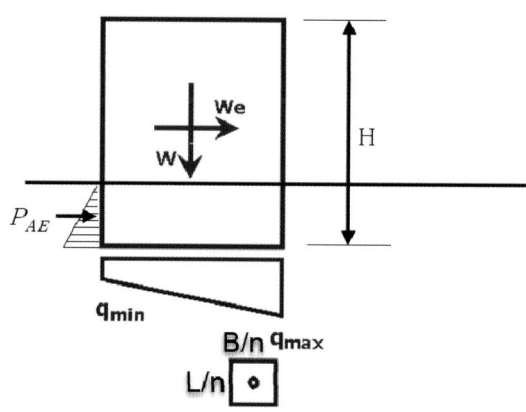

[그림 4.2] 지진시 건축물 토압산정 방법

(1) 건축물의 무게는 별도의 구조계산식 없는 경우 안전측으로 다음과 같이 산정한다.

$$W = Nq_w BL = 5 \times 15 \times 10 \times 10 = 7,500 \text{ kN}$$

여기서, N : 건물 층수

           q_b : 건축 면적당 하중(15.0kPa)

         B, L : 폭

(2) 밑면전단력 V 는 다음과 같이 산정한다.

$$V_E = W_E = C_s \ W = 0.140 * 7500 = 1050 \text{kN}$$

여기서, C_s : 식 (7.2-2)에 따라 산정한 지진응답계수

          W : 고정하중과 아래에 기술한 하중을 포함한 유효 건물 중량

(3) 지진시 지진에 의한 수직 증가력은 약식방법으로 수평가진력의 1/2의 값을 적용할 수 있다. 정밀 구조계산서가 있는 경우는 계산서를 적용한다.

$$W_{EP} = 0.5 W_E = 0.5 \times 1050 = 525 \text{ kN}$$

① 일반적으로 지하구조물에 대한 지진해석 및 내진설계를 위한 지진토압은 응답변위법, 시간이력 해석법을 이용하여 계산할 수 있다.

② 지표면으로부터 기반암까지 토사의 깊이가 15.0m 이내이고, 지표면으로부터 지하구조물 기초의 저면까지의 깊이가 토사 깊이의 2/3 이하인 경우 지진토압은 ①에서 기술된 두 가지 방법 이외에 추가로 등가정적법을 적용하여 구할 수 있다. 등가정적법에 의한 지진토압은 지표면에서 지하구조물 저면까지 깊이가 증가함에 따라 선형으로 증가하는 토압분포를 가지며 다음 식으로 구한다.

$$P_{ae} = \frac{1}{2}\gamma H^2 K_{ae}$$

$$K_{ae} = 0.75 \times EPGA_{ff}$$

$$EPGA_{ff} = S \times F_a \times \frac{2}{3}$$

여기서, P_{ae} : 등가정적법에 의한 지하구조물의 지하외벽에 작용하는 지진토압의 합력

$$P_{ae} = \frac{1}{2}\gamma H^2 K_{ae} = \frac{1}{2} \times 19 \times 3^2 \times 0.154 = 13.167 \text{ kN/m}$$

$$P_{ae} = 13.167 \times L = 13.167 \times 1 = 13.167 \text{ kN}$$

γ : 지하외벽과 접하는 토사지반의 평균 단위중량

H : 지표면에서 지하외벽의 저면까지의 깊이

K_{ae} : 지진토압계수

$$K_{ae} = 0.75 \times EPGA_{ff} = 0.75 \times 0.2053 = 0.154$$

$EPGA_{ff}$: 해당지반 지표면에서의 최대유효지반가속도

$$EPGA_{ff} = S \times F_a \times \frac{2}{3} - 0.22 \times 1.4 \times \frac{2}{3} - 0.2053$$

S : 유효지반가속도

F_a : [표 4.6]의 단주기 지반증폭계수

4.4 기초 접지압 산정

4.4.1 상시

상시에 대한 하중은 다음과 같이 산정한다.

$$\sigma_e = \frac{P}{A_f} = \frac{7500}{BL} = \frac{7500}{10 \times 10} = 75 \text{ kN}$$

여기서, σ_e : 설계용접지압(kN/m²)

P : 기초자중을 포함한 기초판에 작용하는 수직하중(kN)

A_f : 기초판의 저면적(m²)

4.4.2 지진시

편심하중을 받는 기초의 접치압은 하중조합계수를 고려하여 다음과 같이 산정하며, 우선 편심에 의한 접지압계수를 산정한다.

① 약식법 : $\sigma_e' = \frac{P}{A'} = \frac{P}{B'L} = \frac{P}{B'L} = \frac{B}{B'}(\frac{P}{BL}) = \frac{B}{B'}\sigma_e = \alpha \sigma_e$

② 강도설계법 적용시 :

$$M = V(\frac{H}{2}) = (1.0 \times 1050)(\frac{18}{2}) + (1.0 \times 131.67)(\frac{3}{2}) = 9647.505 \text{ kN-m}$$

$$e = \frac{M}{P} = \frac{9647.505}{W + W_{EP}} = \frac{9647.505}{7500 + 0.5 \times 0.14 \times 7500} = 1.2022$$

$$\alpha = \frac{B}{B'} = \frac{B}{B - 2e} = \frac{10}{10 - 2 \times 1.2022} = 1.3165$$

$$\sigma_e = \alpha \cdot \frac{P}{A_f} = 1.3165 \cdot \frac{7500 + 0.5 \times 0.14 \times 7500}{10 \times 10}$$

$$= 1.3165 \times 80.25 = 105.65 \, kPa$$

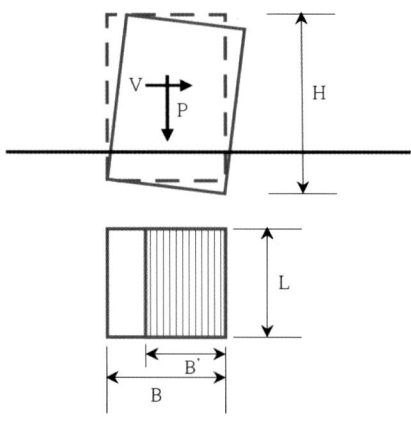

[그림 4.3] 기초 접지압 산정방법

라. 편심하중에 대한 보정

해설 그림 4.2.13과 같이 기초에 편심하중이 작용할 경우, 지지력 공식의 B와 L을 유효 폭과 길이 B'와 L'로 대체하여 사용한다. 푸팅에 모멘트가 작용할 때 등가의 수직하중과 편심거리는 해설 그림 4.2.13과 같이 구한다.

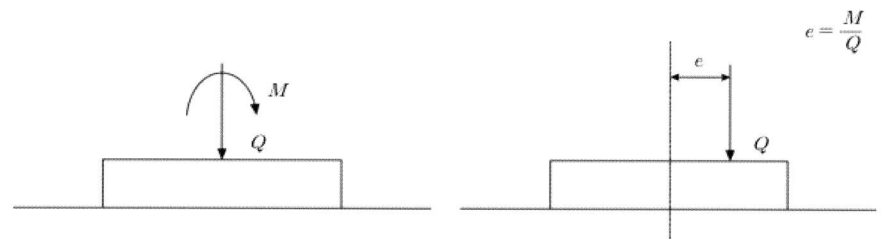

해설 그림 4.2.13 등가하중과 편심거리

유효폭 B'와 L' 및 감소된 유효면적은 해설 그림 4.2.14에서 구할 수 있다.

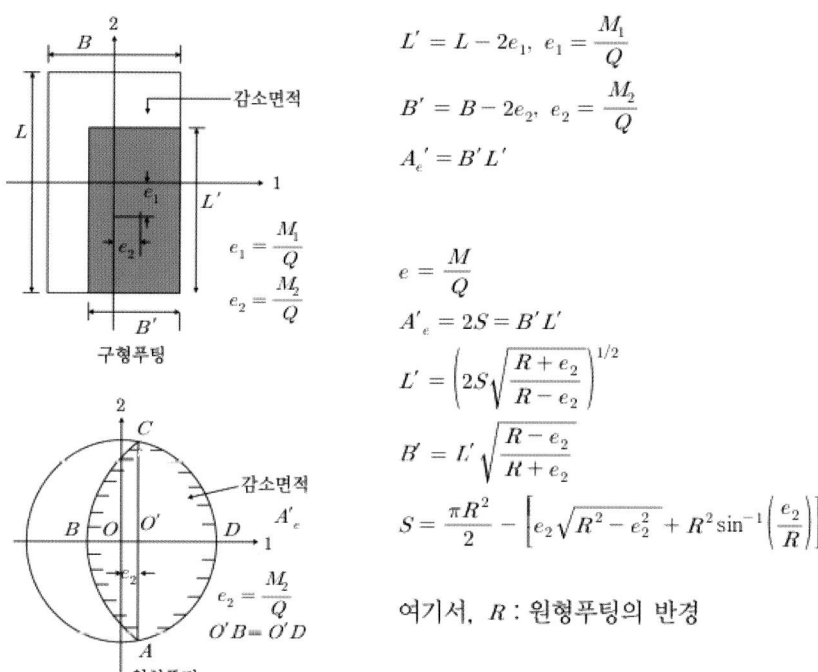

$$L' = L - 2e_1, \quad e_1 = \frac{M_1}{Q}$$
$$B' = B - 2e_2, \quad e_2 = \frac{M_2}{Q}$$
$$A_e' = B'L'$$

$$e = \frac{M}{Q}$$
$$A_e' = 2S = B'L'$$
$$L' = \left(2S\sqrt{\frac{R+e_2}{R-e_2}}\right)^{1/2}$$
$$B' = L'\sqrt{\frac{R-e_2}{R+e_2}}$$
$$S = \frac{\pi R^2}{2} - \left[e_2\sqrt{R^2-e_2^2} + R^2\sin^{-1}\left(\frac{e_2}{R}\right)\right]$$

여기서, R : 원형푸팅의 반경

해설 그림 4.2.14 편심하중에 의한 유효폭과 감소된 면적

[그림 4.4] 편심하중에 대한 보정 (구조물기초설계기준해설, (사)한국지반공학회, 2018.3)

4.5 기초지반 지지력 평가

4.5.1 문헌에 의한 허용지내력

기초설계는 지반조건, 구조물의 특성, 시공환경, 공기 등이 적합하고, 경제적으로 유리한 형식을 선정해야 한다. 기초의 계획심도에 따른 지반의 허용지지력은 지반조사의 표준관입시험 값인 N치를 기본으로 허용지지력을 다음과 같이 개략적으로 추정할 수 있다.

[표 4.8] 지반의 추정허용지지력

기초지반의 종류		상시 (kPa)	지진시 (kPa)	목표하는 값		비 고
				N치	일축압축강도 qu(kPa)	
암반	균열이 적은 균일한 사암	2500	3750	-	10000이상	-
	균열이 많은 경암	1000	1500	-	10000이상	
	연암, 풍화암	600	900	-	1000이상	
자갈층	밀실한 것	600	900	-	-	표준관입시험의 N치가 15이하인 경우에는 기초지반으로서 부적당
	밀실하지 않은 것	300	450	-	-	
사질지반	밀실한 것	300	450	30~50	-	
	보통의 것	200	300	15~30	-	
점성토지반	몹시 단단한 것	200	300	15~30	200~400	
	단단한 것	100	150	8~15	100~200	
	보통의 것	50	75	4~8	25이하	

※ ① 도로설계 요령 제2권 P472, 도로설계실무편람(토질 및 기초) p222
  ② 암반의 허용지지력은 도로교 표준시방서(p623) 기준임

[표 4.9] 지반의 종류에 따른 허용지지력(q_a)

지 반		q_a(kPa)	N치	지 반		q_a(kPa)	N치
경 암		1000	100이상	점토질 지반	매우단단	20	15~30
연 암		500	50이상		단 단	10	8~15
약간 또는 반고결의 이암		300	30이상		중간 것	5	4~8
자갈층	밀실	600	-		연한 것	2	2~4
	밀실하지 않은것	300			매우연한것	0	0~2
사질 지반	조 밀	300	30~50	Loam	단 단	15	5이하
	중 간	100~200	10~30		약간단단	10	3~5
	느 슨	50	5~10		연한 것	5	3이하
	매우느슨	0	5이하	토목구조물의 설계			

4.5.2 설계식에 의한 허용지지력

가. 상시

(1) 지반의 허용지지력은 다음 식으로 산정한다.

- 허용지지력 :

$$q_a = \frac{1}{3}(\alpha \cdot c \cdot N_c + \beta \cdot \gamma_1 \cdot B \cdot N_r + \gamma_2 \cdot D_f \cdot N_q)$$

여기서, q_a : 허용지지력(kN/m²)

c : 기초저면 하부지반의 점착력(kN/m²)

γ_1 : 기초저면 하부지반의 단위체적중량(kN/m³)

γ_2 : 기초저면 상부지반의 단위체적중량(kN/m³)

(γ_1, γ_2 : 지하수위 위치를 고려하여 단위체적중량 값을 환산한다.)

α, β : [표 4.10]에 표시한 형상계수

N_c, N_r, N_q : [표 4.11]에 표시한 지지력계수 내부마찰각 ϕ의 함수

D_f : 기초에 근접한 최저지반에서 기초저면까지의 깊이(m), 인접 대지에서 흙파기를 시행할 경우가 예상될 때에는 그 영향을 고려하여야 한다.

B : 기초저면의 최소폭(m), 원형일 때에는 지름

[표 4.10] 형상계수

기초저면의 형상	연속	정방형	장방형	원형
α	1.0	1.3	1.0 + 0.3B/L	1.3
β	0.5	0.4	0.5 - 0.1B/L	0.3

* B : 장방형 기초의 단변길이
  L : 장방형 기초의 장변길이

[표 4.11] 지지력계수

ϕ	N_c	N_r	N_q
0°	5.7	0.0	1.0
5°	7.3	0.5	1.6
10°	9.6	1.2	2.7
15°	12.9	2.5	4.4
20°	17.7	5.0	7.4
25°	25.1	9.7	12.7
30°	37.2	19.7	22.5
35°	57.8	42.4	41.4
40°	95.7	100.4	81.3
45°	172.3	297.5	173.3
48°	258.3	780.1	287.9
50°	347.5	1153.2	415.1

(2) N=20, $\varnothing$ =30 일때

① 특별한 시험값이 없고 N값만 조사한 경우는 보수적으로 $\phi = \sqrt{12N} + 15$을 적용한다.

$\phi = \sqrt{12N} + 15 = 30$

② 별도의 시험을 하지 않고 N 값만 있는 경우는 C=0로 간주한다. 표에 없는 값은 다음 식을 이용하여 산정하여도 된다.

$$N_q = \frac{e^{2(3\pi/4 - \phi/2)\tan(\phi)}}{2\cos^2(45 + \phi/2)}$$

$$N_r = \frac{2(N_q - 1)\tan(\phi)}{1 + 0.4\sin(4\phi)}$$

$$N_c = \cot(N_q - 1)$$

$N_q = $ 22.5 $N_r = $ 19.7 $N_c = $ 37.2

$$q_a = \frac{1}{3}(\alpha \times c \times N_c + \beta \times \gamma_1 \times B \times N_r + \gamma_2 \times D_f \times N_q)$$

$$= \frac{1}{3}(1.3 \times 0 \times N_c + 0.4 \times (18-10) \times 10 \times 19.7 + 18 \times 3 \times 22.5)$$

$$= \frac{1}{3}(0 + 630.4 + 1215) = 615.13\,kPa$$

나. 지진시

(1) 지진시에 대한 기준은 명확하게 제시되어 있지 않으며, 지진시 내부마찰각은 평상시보다 2도 작고, 유효폭이 감소하는 식으로 응용하여 적용하면 다음과 같다.

$$\phi_{dy} = \phi - 2 = 30° - 2 = 28$$

$$B_{dy} = B - 2e = 10 - (2 \times 1.2022) = 7.5956$$

$$N_q = 18.7 \qquad N_r = 15.7$$

$$\begin{aligned} q_{aE} &= \frac{1}{2}(\alpha \times c \times N_c + \beta \times \gamma_1 \times B \times N_r + \gamma_2 \times D_f \times N_q) \\ &= \frac{1}{2}(1.3 \times 0 \times N_c + 0.4 \times (18-10) \times 10 \times 15.7 + 18 \times 3 \times 18.7) \\ &= \frac{1}{2}(0 + 630.4 + 1215) = 756.1 \, kPa \end{aligned}$$

4.6 건축물 침하 평가

4.6.1 상시

침하는 즉시침하와 압밀침하에 대한 검토를 수행하여야 한다. 일반적으로 건축에서는 즉시침하와 압밀침하를 정확히 구별하지 못하여 건축물이 시공된 후 시간이 지난 다음 부등침하 또는 압밀침하로 건축물의 손상이 발생되는 경우가 있다. 건축물의 장기적인 안정을 위해서는 반드시 수행하여야 한다.

단순한 공학적인 용어로 정리하면 다음과 같다.
 - 즉시침하 : 전단변형 또는 탄성침하
 - 압밀침하 : 압축변형 또는 수축침하

가. 즉시침하

즉시침하는 간단하게 다음 식으로 간략하게 산정할 수 있다. 다음 식은 하부 지층이 단일지층 또는 다층지반을 단일지층으로 가정하여 산정할 수 있기 때문에 설계에 직접 사용하기는 어려울 수 있으며, 예비검토로 사용할 수 있다.

$$S_E = I_S(1-\nu^2)qB/E_S$$

여기서, S_E : 즉시침하량(m)

I_S : 기초저면의 형상과 강성에 따라 정해지는 계수, 표 4.1-3 참조

q : 기초에 작용하는 단위면적당 하중(kN/m²)

B : 기초의 단변길이(원형의 경우는 지름)(m)

L : 기초의 장변길이(m)

E_S : 지반의 탄성계수(kN/m²)

ν : 지반의 포아송비

[표 4.12] 침하계수 I_s(유연한 기초의 경우)

기초저면 형상		기초저면 상의 위치	I_s
원형(지름 B)		중앙	1.00
장방형($B \times L$)	$L/B=1$	중앙	1.12
	1.5		1.36
	2.0		1.52
	2.5		1.68
	3.0		1.78
	4.0		1.96
	5.0		2.10
	10.0		2.54

암반의 변형계수인 E_m은 현장시험과 실내시험의 결과를 바탕으로 결정되어야 한다. 또는 E_m은 암질지수(RQD)로부터 계산된 암반의 불연속면의 빈도를 고려한 저항계수 α_E와 일축압축시험으로부터 구한 신선암의 탄성계수 E_0를 곱하여 다음과 같이 구할 수 있다(Gardner, 1987).

$$E_m = \alpha_E E_0$$

여기서, $\alpha_E = 0.0231(RQD) - 1.32 \geq 0.15$

- 탄성계수 : N=20, $E_s = 0.7N_1 = 0.7 \times 20 = 14\,MPa$

$$S_E = I_S(1-\nu^2)qB/E_S = \frac{1.12(1-0.33^2)75 \times 10}{14000} = 0.0534 = 53.4\text{mm} > 25\text{mm} \ldots\ldots \therefore \text{N.G}$$

따라서, N=20인 경우는 지지력은 안전하나, 지반의 즉시침하가 문제되므로 N=20인 경우에는 5층 건축물을 세우는 되는 문제가 있다.

[표 4.13] 미 해군성(1982)과 Bowles(1988) 이후에 수정된 다양한 흙에 대한 변형계수

흙의 종류	값의 전형적인 범위 변형계수, E_s(MPa)	포아송비 ν	N값을 이용한 E_s의 산정	
			흙의 종류	E_s(MPa)
점성토: 부드럽고 민감 중간정도 굳거나 굳음 매우 굳음	2.4~15 15~50 50~100	0.4~0.5 (비배수)	실트, 사질토질 실트, 약간의 점착력 혼합토	$0.4N_1$
			매우 가늘거나 중간정도의 사질토와 약간의 실트질 사질토	$0.7N_1$
			굵은 사질토와 약간의 자갈이 섞인 사질토	$1.0N_1$
			사질토질의 자갈과 자갈	$1.1N_1$
황토 실트	15~60 2~20	0.1~0.3 0.3~0.35	사질토질의 자갈과 자갈	$1.1N_1$
가는 사질토: 느슨 중간 조밀	7.5~10 10~20 20~25	0.25	S_u을 이용한 E_s의 산정	
사질토: 느슨 중간 조밀	10~25 25~50 50~75	0.20~0.35 0.30~0.40	부드럽고 민감한 점성토 중간정도 굳거나 굳은 점성토 매우 굳은 점성토	$400S_u\sim1000S_u$ $1500S_u\sim2400S_u$ $3000S_u\sim4000S_u$
자갈: 느슨 중간 조밀	25~75 75~100 100~200	0.2~0.35 0.3~0.4	q_c을 이용한 E_s의 산정	
			사질토질의 흙	$4q_c$

나. 압밀침하

압밀침하량 산정은 다음 식에 따른다. 단, 압축지수 C_C, 압밀계수 C_V를 알 수 있는 경우 침하량을 별도 식으로 산정할 수 있다.

$$S = \int \frac{e_1 - e_2}{1+e_1} \cdot dz$$

여기서, S : 침하량(m)

Z : 침하량을 산정하는 점에서 연직하방으로 측정한 깊이(m)

e_1 : 응력 σ_{1Z}에 대응하는 간극비

e_2 : 응력 $\sigma_{2Z}(=\sigma_{1Z}+\Delta\sigma_Z)$에 대응하는 간극비

σ_{1Z} : 건물시공 이전의 Z점에서 유효지중응력(kN/m²)

$\quad = \gamma H_1 + \gamma'(Z_s - H_1)$

σ_{2Z} : 건물시공 이후의 Z점에서 유효지중응력(kN/m²)

$\quad = \sigma_{1Z} + \Delta\sigma_Z$

여기서, γ : 지반의 습윤단위체적중량(kN/m³)

γ' : 지반의 수중단위체적중량(kN/m³)

H_1 : 지하수위(지표면에서 지하수위 상단까지의 깊이, m)

Z_s : 지표면에서 임의의 점까지의 깊이(m)

위 식에서 $\Delta e = e_1 - e_2$는 다음식으로 산정된다.

$$\Delta e = C_c \cdot \text{Log}\frac{\sigma_{1z}+\Delta\sigma}{\sigma_{1z}}$$

건축에 의한 지반 응력 증가되는 깊이 H=1.5B로 하면, 압밀침하는 다음과 같이 산정할 수 있다.

$$S = \frac{H}{1+e_1} C_c \log\frac{\sigma_{1z}+\Delta\sigma}{\sigma_{1z}}$$

건축물기초를 압밀이 발생하는 지반에 설치하는 것은 아주 특수한 상황으로 그러한 경우는 지반의 압축지수 또는 하중에 대한 간극비 변화 시험을 수행하여 압밀침하를 산정한다.

그렇지 않은 경우, 압밀이 발생될 가능성이 높은 지반에서는 말뚝기초 또는 지반개량을 통하여 압밀침하가 발생하지 않도록 하고 설계한다.

4.6.2 지진시 및 지층을 고려한 상세 침하 검토

지진시 하중분포는 다음과 같으며, 이러한 경우는 단순식으로 침하량 산정이 불가능하다. 또한 지반의 지층이 대부분 다층이어서 지층별 침하량이 다를 수 있다.

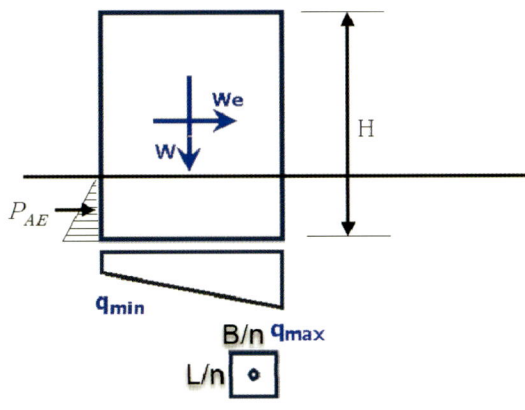

[그림 4.5] 지진시 건축물의 토압

이러한 경우 지중응력을 산정하여 침하량을 산정하는 방법을 적용한다.

건축구조 설계기준에서는 기초의 연직하중에 따라 생기는 지중응력의 연직방향성분은 다음 식에 따라 산정하도록 되어 있다.

$$\Delta \sigma_z = \frac{P_c \cdot 3 Z_s^3}{2\pi \cdot R^5}$$

여기서, $\Delta \sigma_z$: 지중의 임의점에서의 연직응력증분(kN/m²)
  P_c : 지표면에 작용하는 연직집중하중(kN)
  Z_s : 지표면에서 임의의 점까지의 깊이(m)
  R : 하중의 작용점에서 임의의 점까지의 거리(m)

위의 식을 이용하여 지진시 발생되는 수직 증가 지진하중과 수평지진력에 의한 삼각형 하중의 지반응력 증분을 다음과 같이 산정할 수 있다.

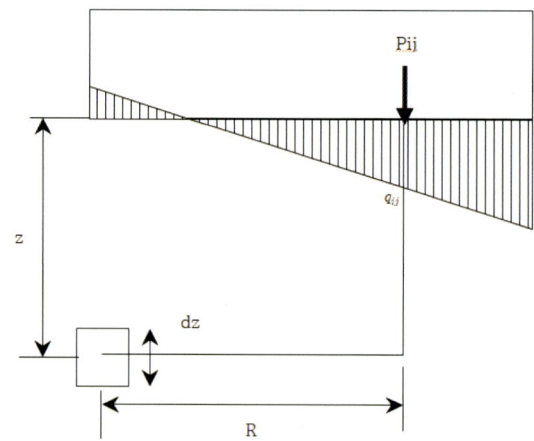

[그림 4.6] 수직 증가 지진하중과 수평지진력에 의한 삼각형 하중

$$\Delta \alpha_z = \sum_{i=1}^{m}\sum_{j=1}^{n} \frac{P_{ij} \cdot 3Z_s^3}{2\pi \cdot R^5} = \sum_{i=1}^{m}\sum_{j=1}^{n} \frac{P_{ij} \cdot 3Z_s^3}{2\pi \cdot (\sqrt{X^2+Y^2})^5}$$

단, 연직하중이 (-)인 경우는 0으로 한다. Pij값은 기초를 적당한 개수로 나누어 산정한다.

$$B_i = B/M,\ L_j = L/N,\ P_{ij} = q_{ij}B_iL_j$$

이러한 경우 단순 산술식으로는 풀기가 어려우면 전산해석을 이용하여야 한다.

- 지진하중에 의한 하중분포 산정

① 지진시 수직하중 및 접지압

$$W_{vE} = C_{vy}W = \frac{1}{2}C_{cx}W = 0.5 \times 0.14 \times 7500 = 525 \text{ kN}$$

$$q_1 = W_{vE}/A = 525\ /\ 100 = 5.25 \text{ kPa}$$

② 수평 지진하중에 대한 접지압

$$M = V(\frac{H}{2}) = (1.0 \times 1050)(\frac{18}{2}) + (1.0 \times 131.67)(\frac{3}{2}) = 9647.505$$

$$q_{min} = q_1 - \frac{M}{Z} = q_1 - \frac{6M}{BH^2} = 5.25 - (6 \times 9647.505/(10 \times 10^2)) = -52.635 \text{ kPa}$$

$$q_{max} = q_1 + \frac{M}{Z} = q_1 + \frac{6M}{BH^2} = 5.25 + (6 \times 9647.505/(10 \times 10^2)) = 63.135 \text{ kPa}$$

$$S = \sum_{i=1}^{M}\sum_{j=1}^{N}\frac{P_{ij}}{\pi Er}(1-v^2)$$

바닥부의 응력 점하중을 다음과 같이 가정하여 프로그램을 이용하여 산정하면 다음과 같다.

[표 4.14] 바닥부 응력 점하중

P_1_1	P_1_2	P_1_3	P_1_4	P_1_5	P_1_6	P_1_7	P_1_8	P_1_9	P_1_10
P_2_1	P_2_2	P_2_3	P_2_4	P_2_5	P_2_6	P_2_7	P_2_8	P_2_9	P_2_10
P_3_1	P_3_2	P_3_3	P_3_4	P_3_5	P_3_6	P_3_7	P_3_8	P_3_9	P_3_10
P_4_1	P_4_2	P_4_3	P_4_4	P_4_5	P_4_6	P_4_7	P_4_8	P_4_9	P_4_10
P_5_1	P_5_2	P_5_3	P_5_4	P_5_5	P_5_6	P_5_7	P_5_8	P_5_9	P_5_10
P_6_1	P_6_2	P_6_3	P_6_4	P_6_5	P_6_6	P_6_7	P_6_8	P_6_9	P_6_10
P_7_1	P_7_2	P_7_3	P_7_4	P_7_5	P_7_6	P_7_7	P_7_8	P_7_9	P_7_10
P_8_1	P_8_2	P_8_3	P_8_4	P_8_5	P_8_6	P_8_7	P_8_8	P_8_9	P_8_10
P_9_1	P_9_2	P_9_3	P_9_4	P_9_5	P_9_6	P_9_7	P_9_8	P_9_9	P_9_10
P_10_1	P_10_2	P_10_3	P_10_4	P_10_5	P_10_6	P_10_7	P_10_8	P_10_9	P_10_10

$$S_{\min} = \sum_{i=1}^{M}\sum_{j=1}^{N}\frac{\Delta P_{ij}}{\pi ER_{ij}}(1-v^2) = 11.45 \text{ mm}$$

$$S_{\max} = \sum_{i=1}^{M}\sum_{j=1}^{N}\frac{\Delta P_{ij}}{\pi E(R-R_{ij})}(1-v^2) = 18.93 \text{ mm}$$

- 지진시 부등침하는 다음과 같다.

$$\delta = \frac{S_{\max}-S_{\min}}{B} = \frac{18.93-11.45}{10,000} = 1/1336 < 1/500$$

- 지진시 건축물 최상단 움직이는 폭 : 건물의 높이가 18m인 경우

$$\delta_{dx} = H\delta = 18,000 \times (1/1336) = 13.47 \text{mm}$$

- 만약 지층을 고려한 해석을 할 경우는 지중응력 증가식을 이용한다.

$$S_i = \frac{Q}{2\pi Er}\left[\frac{(1+v)z^2}{(r^2+z^2)^{1.5}} + \frac{2(1-v^2)}{(r^2+z^2)^{0.5}}\right]$$

$$S = \sum_{i=1}^{n} S_i$$

4.7 허용지내력 평가

4.7.1 상시

허용지지력식을 이용하는 경우는 침하에 대한 검토까지 하여야 한다. 허용침하 25mm를 기준으로 하여 표준관입시험 N값을 이용하여 간략하게 하는 경우는 침하와 지지력을 동시에 검토하여 간략하게 검토할 수 있다.

$$q_a = \frac{N_{55}}{0.08}\left(\frac{B+0.3}{B}\right)^2\left(1+\frac{D_f}{B}\right)(\text{kPa}) \qquad \text{for } 0 \leq D_f \leq B \text{ and } B \geq 1.2$$

여기서, q_a : 허용지내력(kPa)

N_{55}, N_{70} : 에너지 효율을 고려한 N값(0.75B 평균)

B : 기초 폭

D_f : 기초 깊이

$$q_a = \frac{N_{55}}{0.08}\left(\frac{B+0.3}{B}\right)^2\left(1+\frac{D_f}{B}\right) = (20/0.06)*((10+0.3)/10)^2*(1+3/10) = 344.79 \text{ kPa}$$

4.7.2 지진시

지진시 허용지내력은 상시지내력의 1.5배를 적용한다.

[표 4.15] 지반의 허용지내력(제18조 관련) (단위 : kN/m²)

지 반		장기응력에 대한 허용지내력	단기응력에 대한 허용지내력
경암반	화강암·석록암·편마암·안산암 등의 화성암 및 굳은 역암 등의 암반	4000	각각 장기응력에 대한 허용지내력 값의 1.5배로 한다.
연암반	판암·편암 등의 수성암의 암반	2000	
	혈암·토단반 등의 암반	1000	
자갈		300	
자갈과 모래와의 혼합물		200	
모래섞인 점토 또는 롬토		150	
모래 또는 점토		100	

※ 건축물의 구조기준 등에 관한 규칙 [별포 8] <개정 2009.12.31.>

이 방법은 간략하게 산정할 수 있으나, 부등침하에 대한 문제가 될 수 있는 구조물에서는 적용하기 어려우며, 실트질 지반에서는 적용을 금하고 사질지반에 적용하도록 되어 있다.

제 5 장 말뚝기초 설계

5.1 **말뚝 두부 적용하중**

5.2 **말뚝에 발생하는 부재력 산정**

5.3 **말뚝 지지력 검토**

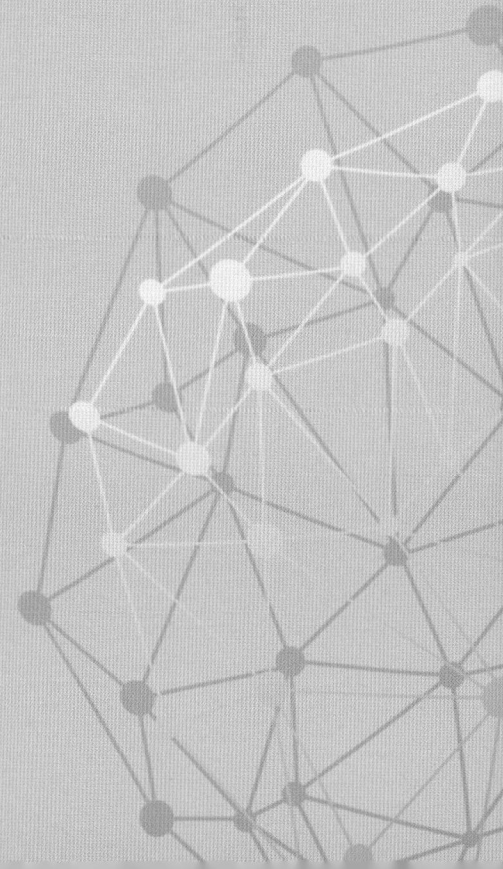

제 5 장 말뚝기초 설계

5.1 말뚝 두부 적용하중

말뚝 두부에 작용하는 하중은 상시, 지진시 나누고 하중조합의 하중계수를 적용하여야 한다. 간단식 계산에서는 대표적인 값으로 하고, 구조계산서를 이용하는 방식으로 하는 경우는 축력값 최대, 축력값 최소인 경우로 나누어서 검토한다.

5.1.1 간단식 계산 방법

가. 하중

약식계산에서는 말뚝에 직접적으로 적용되는 하중으로 검토하면 다음과 같다.

- 사하중 : 건물하중 D
- 지진토압 ; H(Pae)
- 수직 지진하중 : Ev
- 수평 지진하중 : Eh

나. 하중조합

- 강도설계법 적용시

  ① 1.4D

  ② 1.2D + 1.0E

  ③ 0.9D + 1.0E

- 허용응력 설계법 적용시

  ① 1.0D

  ② D + 0.7E

  ③ 0.6D + 0.7E

다. 적용하중 계산

설계조건은 다음과 같다.

- 건축물 : 지상 5층, 지하 1층, 층높이 3m 적용
- 기초폭 : B=10m, L=10m
- 건축물단위면적당 무게 : 15kN/m²

① 건축물 사하중 : $W = 6 \times 10 \times 10 \times 15 = 9000\,kN$

② 수직 지진하중 : $E_v = 0.5 \times 0.14 \times 9000 = 630\,kN$

③ 수평 지진하중 : $E_h = 0.14 \times 9000 = 1260\,kN$

④ 지진토압 : $P_{ae} = 13.167 \times L = 13.167 \times 10 = 131.67$ kN/m

$$P_{ae} = \frac{1}{2}\gamma H^2 K_{ae} = \frac{1}{2} \times 19 \times 3^2 \times 0.154 = 13.167 \text{ kN}$$

$$EPGA_{ff} = S \times F_a \times \frac{2}{3} = 0.22 \times 1.4 \times \frac{2}{3} = 0.2053$$

$$K_{ae} = 0.75 \times EPGA_{ff} = 0.75 \times 0.2053 = 0.154$$

라. 하중조합별 검토

① 1.4D : 상시

- 설계하중 : 1.4 × 9000 = 12600 kN

② 1.2D + 1.0E : 지진시

- 설계수직하중(Pv) : 1.2 × 9000 + 1.0 × 630 = 11400 kN

- 설계수평하중(Ph) : 1.0 × 1260 + 1.0 × 131.67 = 1391.67 kN

③ 0.9D + 1.0E : 지진시

- 설계수직하중(Pv) : 0.9 × 9000 + 1.0 × 630 = 8730 kN

- 설계수평하중(Ph) : 1.0 × 1260 + 1.0 × 131.67 = 1391.67 kN

마. 접지압 분포

① 1.4D : 상시

- 접지압 : 12600 / 100 = 126 kPa

② 1.2D + 1.0E : 지진시

- 설계수직하중(Pv) : 11400 kN

- 설계수평하중(Ph) : 1391.67 kN

- 회전모멘트(M) : 1.0 × 1260 × 9 + 1.0 × 131.67 × 1.5 = 11537.505 kN-m

- 최소접지압 : $q_{\min} = \dfrac{P_D}{A} - \dfrac{M_D}{Z} = \dfrac{11400}{100} - \dfrac{6 \times 11537.505}{10 \times 10^2} = 44.77$ kPa

- 최대접지압 : $q_{\max} = \dfrac{P_D}{A} + \dfrac{M_D}{Z} = \dfrac{11400}{100} + \dfrac{6 \times 11537.505}{10 \times 10^2} = 183.22$ kPa

③ 0.9D + 1.0E : 지진시

- 설계수직하중(Pv) : 8730 kN

- 설계수평하중(Ph) : 1391.67 kN

- 회전모멘트(M) : 1.0 × 1260 × 9 + 1.0 × 131.67 × 1.5 = 11537.505 kN-m

- 최소접지압 : $q_{min} = \dfrac{P_D}{A} - \dfrac{M_D}{Z} = \dfrac{8730}{100} - \dfrac{6 \times 11537.505}{10 \times 10^2}$ = 18.07 kPa

- 최대접지압 : $q_{max} = \dfrac{P_D}{A} + \dfrac{M_D}{Z} = \dfrac{8730}{100} + \dfrac{6 \times 11537.505}{10 \times 10^2}$ = 156.52 kPa

바. 말뚝 두부 하중 산정

① 상시

- 수직하중 : $P_{max} = q_{max} B_i L_i$ = 126 × 1.25 × 1.25 = 196.87 kN

② 지진시

- 최대 수직하중 : $P_{max} = q_{max} B_i L_i$ = 183.22 × 1.25 × 1.25 = 286.28 kN

- 최소 수직하중 : $P_{min} = q_{min} B_i L_i$ = 18.07 × 1.25 × 1.25 = 28.23 kN

- 최대 수평하중 : $V_p = V/N_p$ = 1391.67 / 25 = 55.67 kN

여기서, N_p : 말뚝 총 본수

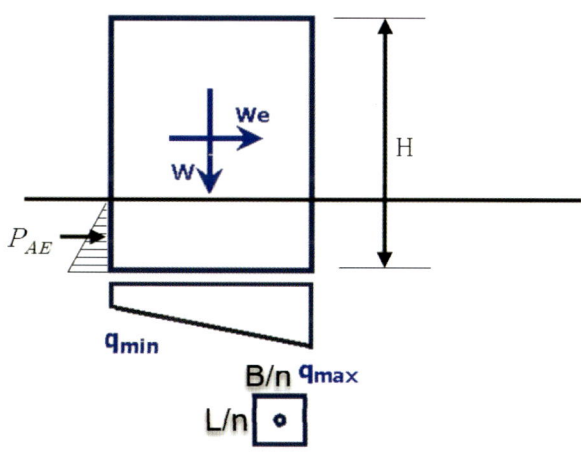

[그림 5.1] 지진시 건축물의 토압

5.1.2 구조계산서 활용 방법

가. 통매트 기초

통매트 기초인 경우는 기초 매트에 말뚝이 위치하는 지점의 3축에 스프링 경계를 입력한 다음, 해석을 수행하여 각각의 스프링에서 산정된 반력에서 상시조건에서의 최대 스프링 반력, 지진시 축력 최대 지점에서의 수평과 수직 반력 스프링 값, 축력 최소 지점에서 수평과 수직 반력 값을 찾아 말뚝 설계시 적용한다.

- 상시 : R_z
- 지진시 : $P_{\max}$: R_z, R_x, R_y
  $P_{\min}$: R_z, R_x, R_y

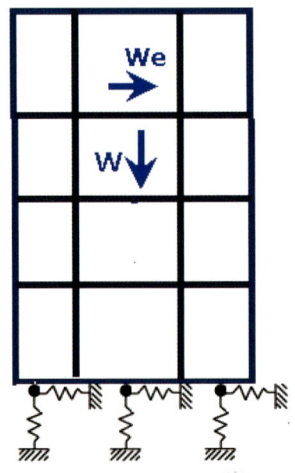

[그림 5.2] 통매트 기초 검토조건

나. 독립기초

1) 직접기초 하중 입력

건축구조계산서에서 기둥에 산정된 값중에 다음의 조건의 값을 찾는다.

① 상시 축력 최대   : 기둥의 축력(P), 전단력(H), 모멘트(M)
② 상시 모멘트 최대 : 기둥의 축력(P), 전단력(H), 모멘트(M)
③ 지진시 축력 최대 : 기둥의 축력(P), 전단력(H), 모멘트(M)
④ 지진시 축력 최소 : 기둥의 축력(P), 전단력(H), 모멘트(M)

지진시 축력 최소일 때 하는 이유는 말뚝에 인장력 발생시 검토조건인 경우를 검토하기 위함이다.

상시조건에 대하여 유한요소해석을 수행하여 말뚝 두부에 발생하는 축력과 전단력을 산정한다.

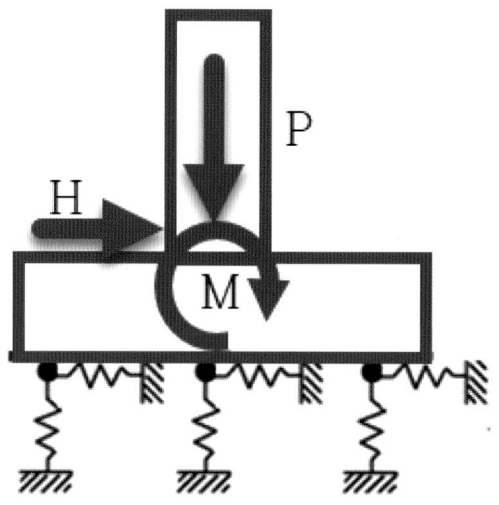

[그림 5.3] 독립기초 검토조건

2) FEM 해석을 이용한 말뚝 두부 하중 계산

[표 5.1] FEM 해석 검토조건

조 건	P	M	V	비 고
Load Case 1	550	16	5	상시 축력 최대
Load Case 2	350	35	8	상시 모멘트최대
Load Case 3	620	125	95	지진시 축력 최대
Load Case 4	256	126	95	지진시 축력 최소

5.2 말뚝에 발생하는 부재력 산정

5.2.1 단본 말뚝 계산

가. 지반 스프링 산정

말뚝은 지반 속에 묻혀있는 구조물로 2가지 방법으로 검토할 수 있다. 지반을 솔리드 요소로 직접 모델링 하는 방법과 지반을 스프링 요소 환산하는 방법이 있으며, 건축구조에서는 스프링 모델이 쉽고 안전측 모델이 될 수 있다.

저항하는 지반을 스프링 모델로 하는 것이며 말뚝의 변형이 탄성범위 내에서 거동한다고 가정하면 다음과 같이 산정할 수 있다. 만약 말뚝이 소성거동을 하면 설계 부족이므로 말뚝 본수가 늘어나야 한다. 탄성범위 내에서 허용 부재력 또는 변위가 허용이내이어야 한다.

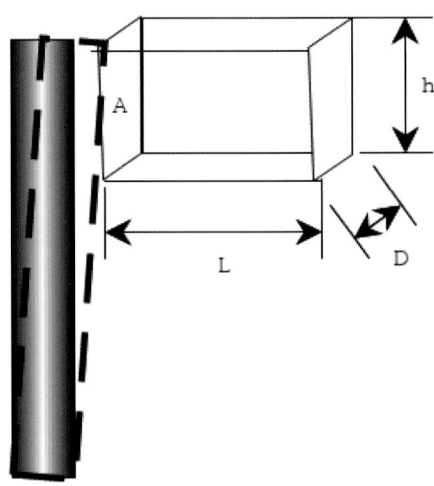

[그림 5.4] 단본 말뚝 검토조건

말뚝 직경이 D인 경우에 말뚝이 변형을 하면서 지반의 탄성범위 내에서 거동한다고 하면 지반의 영향범위는 L=2.5D로 가정하고, 폭을 D로 하면 요소길이 h에 대한 수평방향의 지반반력 스프링은 다음과 같이 산정할 수 있다.

① 말뚝 지반 스프링 :

$$k_x = \frac{EA}{L} = \frac{14000(D \times h_i)}{2.5D} = \frac{14000(0.5 \times 1.0)}{2.5 \times 0.5} = 5600$$

② L=D인 경우 마찰 전단 스프링은 다음과 같다.

- 말뚝-지반 수직 마찰 스프링 :

$$k_z = G\frac{A_z}{L} = \frac{E}{2(1+v)} \times \frac{(\pi D \times l_i)}{2.5D} = \frac{14000}{2(1+0.33)} \times \frac{(0.5 \times 1.0)}{2.5 \times 0.5} = 6610.5$$

나. FEM 해석 결과 예

말뚝 두부의 발생되는 부재력은 유한요소 해석법을 이용하여 가장 악조건에서 부재검토를 적용한다. 강재 또는 콘크리트 말뚝에 따라, 설계에 적합한 설계를 수행한다.

[표 5.2] FEM 해석 결과 – 두부 고정 조건

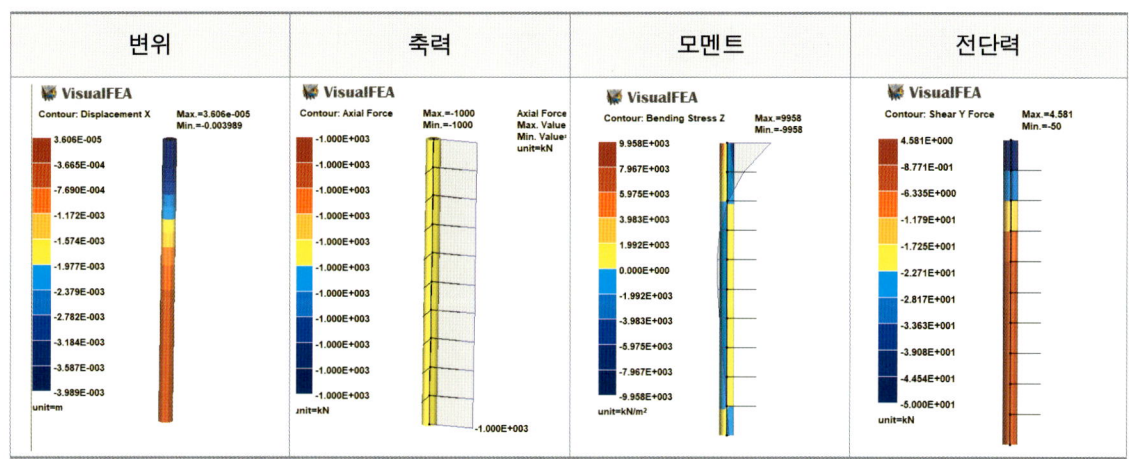

[표 5.3] FEM 해석 결과 – 두부 힌지 조건

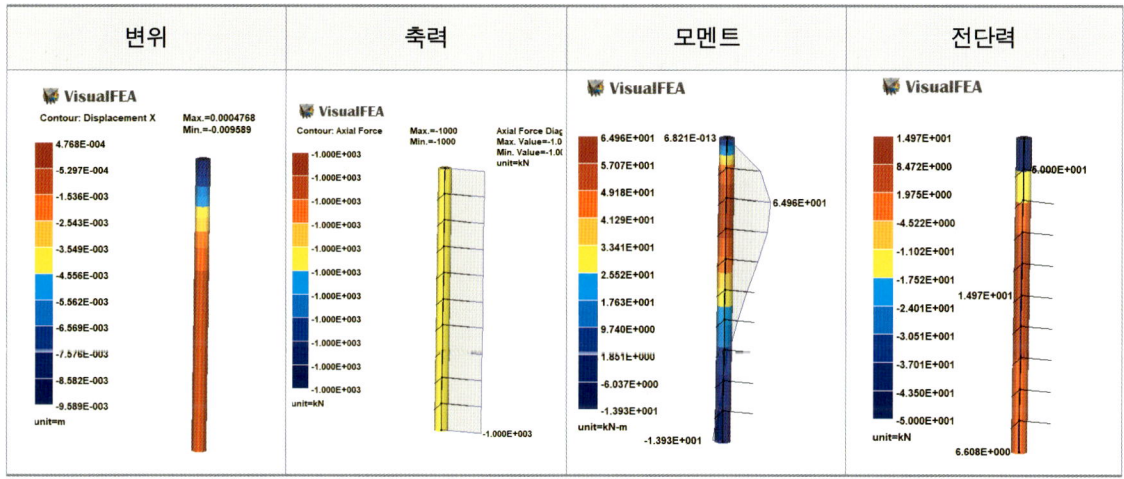

5.2.2 무리말뚝 계산

직접기초에 기둥에 작용되는 축력, 모멘트, 전단력을 적용하여 말뚝에 발생하는 부재력을 산정하여 말뚝의 안정성을 평가한다.

- 직접기초 매트 : 3.0m × 6.0m
- 말뚝 간격 : 1.25m
- 말뚝 본수 : 3 × 5 = 15ea

[표 5.4] 무리말뚝의 FEM 해석

직접기초 말뚝 부재력 모델 하중	무리말뚝 모델링

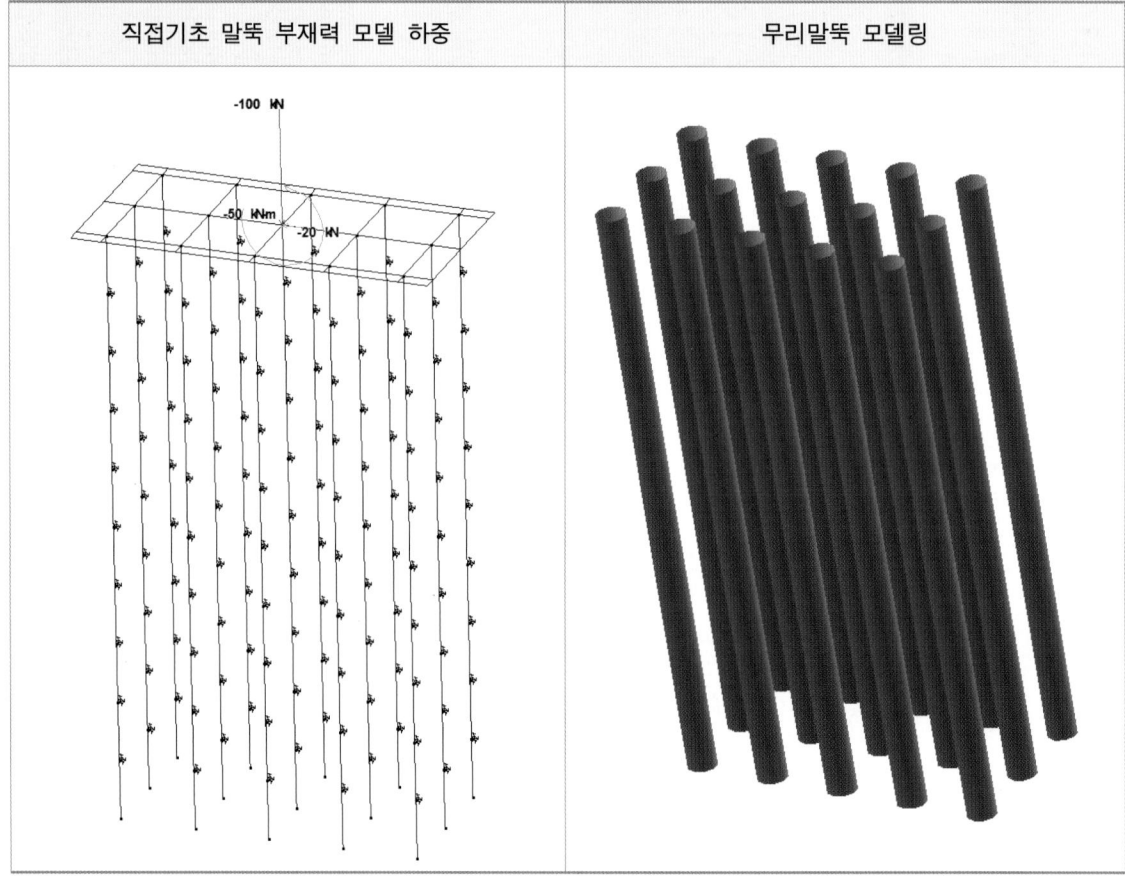

[표 5.5] 무리말뚝의 FEM 해석 결과

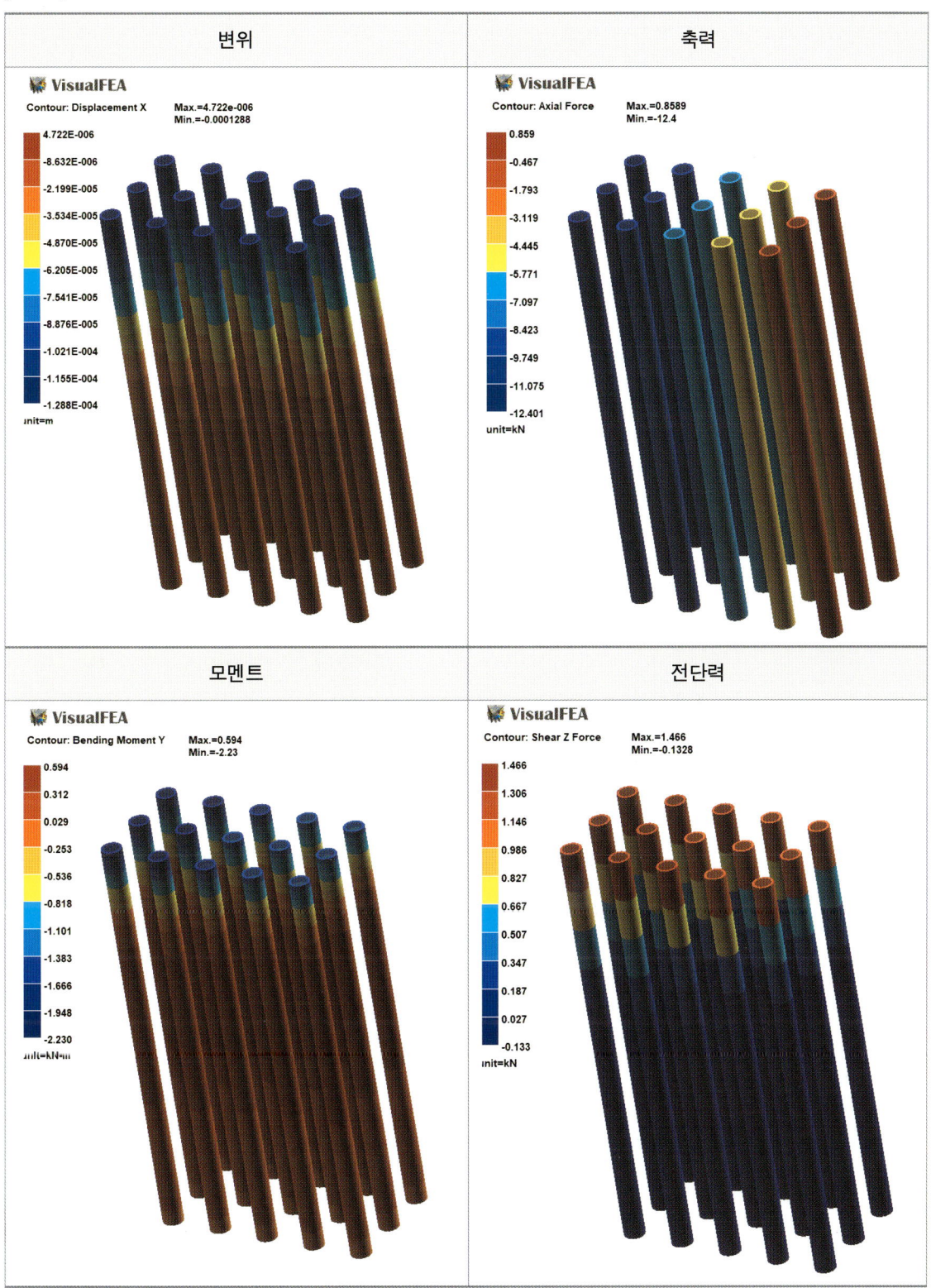

5.3 말뚝 지지력 검토

말뚝 지지력은 상부구조물의 설계법에 따라 적용하여야 하며, 강도설계법에 의해 발생된 부재력인 경우는 지지력식을 강도 설계법을 적용하여 산정하는 것이 일반적이며, 건축구조 설계기준에는 제시되어 있지 않고 지반설계기준인 KDS 11 50 20을 준수하며, 사용하중은 건축구조기준을 따라 설계하는 것이 합리적이라 판단된다.

5.3.1 사용한계상태의 변위와 지지력
가. 일반사항

무리말뚝의 침하를 계산하기 위해서는 [그림 4.11]에 나타나 있는 바와 같이 지층에 근입된 말뚝 깊이의 2/3에 위치한 등가 확대기초에 하중이 작용하는 것으로 가정할 수 있다. 사질토층에 있는 말뚝기초의 침하와 기초의 횡방향 변위를 평가하여야 한다. 사용하중은 건축구조기준을 따라 적용된 값을 적용한다.

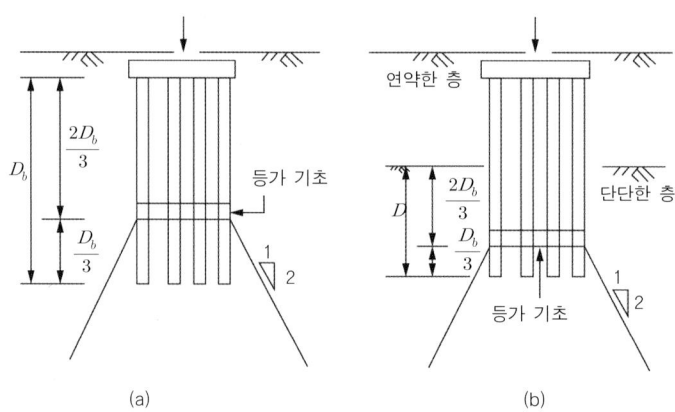

[그림 5.5] 등가 확대기초의 위치(Duncan과 Buchignani, 1976)

나. 수평변위에 대한 기준

기초의 수평방향 허용변위량은 구조물의 기능과 형태, 건축물에 미치는 영향 등을 고려하여 결정한다.

다. 침하
① 일반사항

말뚝기초의 침하는 건축물의 영향을 미치는 범위로 정하여야 한다.

② 점성토

무리말뚝의 침하량은 [그림 5.5]에 규정된 등가 확대기초의 위치와 확대기초에 사용한 절차를 사용하여 구할 수 있다.

③ 사질토

사질토의 무리말뚝 침하는 현장 원위치시험 결과와 [그림 5.5]의 등가 확대기초의 위치를 이용하여 계산할 수 있다. 사질토에 설치된 무리말뚝의 침하는 다음과 같은 식으로 계산할 수 있다.

$$SPT = \rho = \frac{30qI\sqrt{X}}{N_{corr}}$$

$$CPT = \rho = \frac{qXI}{24q_c}$$

여기서, $I = 1 - 0.125\dfrac{D'}{X} \geq 0.5$

$$N_{corr} = \left[0.77\log_{10}\left(\frac{1.92}{\sigma_v'}\right)\right]N$$

여기서, q = [그림 5.5]에서 보는 것처럼 $2D_b/3$ 지점에 작용하는 순 기초 압력(MPa)
  이 압력은 무리 말뚝의 상부에 가해진 하중을 등가 확대기초의 면적으로 나눈 것으로, 말뚝의 무게나 말뚝 사이의 흙 무게는 포함하지 않는다.

X = 무리말뚝의 폭이나 최소 치수(mm)

ρ = 무리말뚝의 침하(mm)

I = 무리말뚝의 유효근입깊이에 대한 영향계수

D' = 유효깊이(=$2D_b/3$)

D_b = [그림 5.5]에서 보는 것처럼 지지층에 근입된 말뚝의 길이(mm)

N_{corr} = 등가 확대기초 아래 임의의 깊이 z까지의 SPT의 타격횟수로서 상재하중에 대해 보정한 대표적인 평균값(타/300 mm)

N = 침하층에서 측정된 SPT의 타격횟수 (타/300 mm)

σ_v' = 유효연직응력(MPa)

q_c = 등가 확대기초 아래 임의의 깊이 z에 대한 평균 정적 콘저항값(MPa)

④ 선단지지력의 추정값

- 지지력에 대한 추정값

추정값의 사용은 교량 부지나 그 인근 지역의 지질 상태에 근거하여야 한다.

- 지지력을 결정하기 위한 반경험적 방법

암반의 지지력은 암반분류시스템, RMR 등의 상관성을 사용하여 경험적으로 결정할 수 있다. 이러한 반경험적인 방법을 사용할 때에는 해당 지역의 경험이 반영되어야 한다. 추정지지력이 암석의 일축압축강도와 기초 콘크리트의 공칭저항력 중 어느 하나보다 크다면, 암석의 일축압축강도와 콘크리트의 공칭저항력 중에서 작은 값을 추정지지력으로 한다. 콘크리트의 공칭저항력은 $0.3\,f_c'$으로 간주할 수 있다.

5.3.2 극한한계상태의 지지력

가. 일반사항

일반적으로 고려하여야 할 지지력에는 다음과 같은 것들이 있다.

① 말뚝의 지지력
② 말뚝의 인발저항력
③ 연약한 지층 위에 있는 단단한 층의 말뚝 펀칭에 대한 저항력
④ 말뚝 재료의 강도

나. 말뚝의 축방향 하중

1) 말뚝 항타나 말뚝재하시험에서 측정한 현장 계측치를 참고로 정적해석 방법에 의해 설계한다. 비슷한 조건을 가진 인접 지반의 말뚝재하시험 결과를 적용할 수도 있다. 말뚝의 지지력은 해석적 방법이나 현장 원위치시험 방법 등으로 산정할 수 있다.

① 말뚝의 감가된 지지력 Q_R은 다음과 같다.

$$Q_R = \phi Q_n = \phi_q Q_{ult}$$

또는

$$Q_R = \phi Q_n = \phi_{qp} Q_p + \phi_{qs} Q_s$$

여기서, $Q_p = q_p A_p$

$Q_s = q_s A_s$

여기서, ϕ_q = KDS 11 50 10 (2.5) 표 2.5-2에 규정된 외말뚝의 지지력에 대한 저항계수, 총 저항력에서 선단지지력과 주면마찰력을 구분하지 않음.

Q_{ult} = 외말뚝의 지지력(N)

Q_p = 말뚝의 선단지지력(N)

Q_s = 말뚝의 주면마찰력(N)

q_p = 말뚝의 단위 선단지지력(MPa)

q_s = 말뚝의 단위 주면마찰력(MPa)

A_s = 말뚝 주면면적(㎟)

A_p = 말뚝 선단면적(㎟)

ϕ_{qp} = 선단과 주면 저항을 구별하는 방법일 경우 KDS 11 50 10 (2.5) 표 2.5-2에 규정된 말뚝의 선단지지에 대한 저항계수

ϕ_{qs} = 선단과 주면 저항을 구별하는 방법일 경우 KDS 11 50 10 (2.5) 표 2.5-2에 규정된 말뚝의 주면마찰에 대한 저항계수

② 표준관입시험에 의한 값을 적용하는 경우 저항계수는 다음과 같이 정하며, 주로 사용하는 방법이 정역학적 지지력 공식과 한국지반공학회의 SPT 방법으로 0.45를 적용한다.

[표 5.6] 타입말뚝 저항계수

조건 / 지지력 결정 방법		저항계수
외말뚝의 연직압축저항력-정역학적 해석법과 정재하 시험, ϕ_{stat}	주면마찰력과 선단지지: 사질토 Nordlund/Thurman 방법 (Hannigan et al., 2005) SPT 방법 (Meyerhof)	0.45 0.30
	CPT 방법 (Schmertmann)	0.50
	암반에 선단근입된 경우(Canadian Geotech. Society, 1985)	0.45

2) 표준관입시험(SPT)을 이용한 방법은 사질토 및 비소성 실트에 대해 적용한다.

  - 말뚝 선단지지력

① 사질토에서 깊이 D_b까지 타입된 말뚝의 공칭 단위 선단지지력은 다음과 같고, 단위는 MPa이다.

$$q_p = \frac{0.038 N_{corr} D_b}{D} \leq q_l$$

여기서,

$$N_{corr} = \left[0.77 \log_{10}\left(\frac{1.92}{\sigma_v'}\right)\right] N$$

여기서,

N_{corr} = 상재응력 σ_v'에 대하여 수정한 말뚝 선단근처의 대표적인 SPT 타격횟수(타/300㎜)

N = SPT 타격횟수(타/300㎜)

D = 말뚝의 폭 또는 직경(㎜)

D_b = 지지층에 관입된 말뚝길이 (㎜)

q_l = 한계 선단지지력으로 사질토인 경우 $0.4 N_{corr}$, 비소성 실트인 경우 $0.3 N_{corr}$을 사용한다(MPa).

② 사질토에 설치된 말뚝의 공칭 주면마찰력 q_s는 다음과 같으며, 단위는 MPa이다.

- 배토 말뚝

$$q_s = 0.0019 \overline{N}$$

- 비배토 말뚝(예, 형 강말뚝)

$$q_s = 0.00096 \overline{N}$$

여기서, q_s = 타입말뚝에 대한 단위 주면마찰력(MPa)

$\overline{N}$ = 말뚝 주면을 따라 얻은 보정하지 않은 평균 SPT 타격횟수(타/300㎜)

5.3.3 암반지지 말뚝

암반층에 지지되는 말뚝의 선단지지력에 대한 저항계수는 KDS 11 50 10 (2.5) 표 2.5-2에 언급된 값을 사용한다. 말뚝 폭(또는 직경)과 암반의 불연속면 간격이 300㎜보다 크거나, 속이 차 있지 않은 불연속면의 폭이 6.4㎜보다 작은 경우, 혹은 흙 또는 암편으로 차있는 불연속면의 폭이 25㎜보다 작은 경우에 대해서 암반에 설치된 타입말뚝의 공칭 단위 선단지지력 q_p(MPa)는 다음 식을 통해 구한다.

$$q_p = 3q_u K_{sp} d$$

위의 식에서,

$$K_{sp} = \frac{3 + \dfrac{s_d}{D}}{10\sqrt{1 + 300\dfrac{t_d}{s_d}}}$$

$$d = 1 + 0.4H_s/D_s \leq 3.4$$

여기서, q_u = 암석시편의 평균 일축압축강도(MPa)

d = 무차원 깊이계수

K_{sp} = [그림 2.3-15]의 무차원 지지력계수
 (KDS 11 50 20 : 2018 깊은기초 설계기준(한계상태설계법))

s_d = 불연속면 간격(mm)

t_d = 불연속면 폭(mm)

D = 말뚝 폭(mm)

H_s = 암반에 근입된 말뚝의 근입깊이로서 기반암에 위에 놓인 경우 0으로 본다.

D_s = 암반 근입부 말뚝 폭(mm)

- 설계 계산(예) : N=40, 지지층 6.0m인 경우 지지력 산정

① 선단지지력

$$\sigma_v = \gamma' H_{ave} = (19-10)\frac{1}{2}(6+12) = 81\, kPa$$

$$N_{corr} = \left[0.77\log_{10}\left(\frac{1.92}{\sigma_v'}\right)\right]N = \left[0.77\log_{10}\left(\frac{1.92}{0.081}\right)\right]40 = 32.6$$

$$q_p = \frac{0.038 N_{corr} D_b}{D} = \frac{0.038 \times 32.6 \times 3000}{500} = 7.432\, MPa$$

$$q_l = 0.4N = 0.4 \times 40 = 16\, MPa$$

$$Q_P = q_p A_p = 7.432 \times \frac{\pi 0.5^2}{4} = 1.458\, MPa$$

② 주면마찰력

$$q_s = 0.0019\,\overline{N} = 0.0019 \times 40 = 0.076\, MPa$$

$$Q_S = q_s A_s = 0.076 \times \pi \times 0.5 \times 6 = 0.716\, MPa$$

③ 강도설계법에 의한 설계지지력

$$Q_R = \phi Q_n = 0.45(1.458 + 0.716) = 0.978\, MPa$$

제 6 장 삼축내진말뚝 기초 설계

6.1 **설계절차**

6.2 **말뚝 두부 하중 산정**

6.3 **말뚝 부재력 산정**

6.4 **말뚝 부재력 안정성 검토**

6.5 **말뚝 지지력 및 침하 검토**

제 6 장 삼축내진말뚝 기초 설계

6.1 설계절차

삼축내진말뚝 설계절차는 다음과 같다.

① 건물의 하중 산정

② 설계 접지압 산정

③ 상시, 지진시에 대한 두부의 적용하중 산정

④ 삼축내진말뚝 두부 하중 적용에 따른 부재력 검토(트러스 구조)

⑤ 말뚝의 최대 축력에 대한 지지력 검토

6.2 말뚝 두부 하중 산정

6.2.1 소규모 주택에 대한 하중 산정

약식계산에서는 말뚝에 직접적으로 적용되는 하중으로 검토하면 다음과 같다.

- 사하중 : 건물하중 D
- 지진토압 : H(Pae)
- 수직 지진하중 : Ev
- 수평 지진하중 : Eh

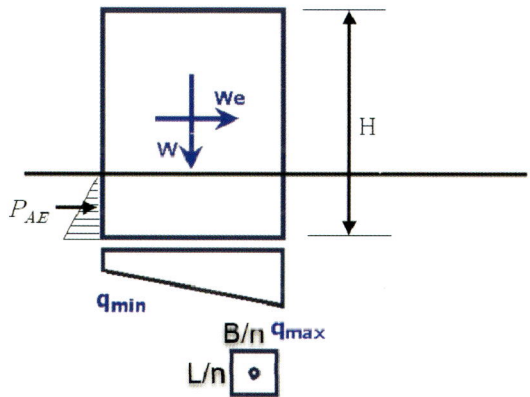

[그림 6.1] 지진시 건축물의 토압

6.2.2 하중조합

- 강도설계법 적용시
  ① 1.4D
  ② 1.2D + 1.0E
  ③ 0.9D + 1.0E

- 허용응력 설계법 적용시
  ① 1.0D
  ② D + 0.7E
  ③ 0.6D + 0.7E

6.2.3 적용하중 계산

- 건축물 : 지상 5층, 지하 1층, 층높이 3m 적용
- 기초폭 : B=10m, L=10m
- 건축물단위면적당 무게 : 15kN/m²

① 건축물 사하중 : $W = 6 \times 10 \times 10 \times 15 = 9000 \, kN$

② 수직 지진하중 : $E_v = 0.5 \times 0.14 \times 9000 = 630 \, kN$

③ 수평 지진하중 : $E_h = 0.14 \times 9000 = 1260 \, kN$

④ 지진토압 : $P_{ae} = 13.167 \times L = 13.167 \times 10 = 131.67 \, kN/m$

$$P_{ae} = \frac{1}{2}\gamma H^2 K_{ae} = \frac{1}{2} \times 19 \times 3^2 \times 0.154 = 13.167 \, kN$$

$$EPGA_{ff} = S \times F_a \times \frac{2}{3} = 0.22 \times 1.4 \times \frac{2}{3} = 0.2053$$

$$K_{ae} = 0.75 \times EPGA_{ff} = 0.75 \times 0.2053 = 0.154$$

가. 하중조합별 검토

① 1.4D : 상시
  - 설계하중 : 1.4 × 9000 = 12600 kN

② 1.2D + 1.0E : 지진시
  - 설계수직하중(Pv) : 1.2 × 9,000 + 1.0 × 630 = 11,400.00 kN
  - 설계수평하중(Ph) : 1.0 × 1,260 + 1.0 × 131.67 = 1,391.67 kN

③ 0.9D + 1.0E : 지진시
  - 설계수직하중(Pv) : 0.9 × 9,000 + 1.0 × 630 = 8,730.00 kN
  - 설계수평하중(Ph) : 1.0 × 1,260 + 1.0 × 131.67 = 1,391.67 kN

나. 접지압 분포

① 1.4D : 상시
  - 접지압 : 12600 / 100 = 126 kPa

② 1.2D + 1.0E : 지진시

- 설계수직하중(Pv) : 11,400 kN

- 설계수평하중(Ph) : 1,391.67 kN

- 회전모멘트(M) : 1.0 × 1,260 × 9 + 1.0 × 131.67 × 1.5 = 11,537.505 kN-m

- 최소접지압 : $q_{min} = \dfrac{P_D}{A} - \dfrac{M_D}{Z} = \dfrac{11400}{100} - \dfrac{6 \times 11537.505}{10 \times 10^2}$ = 44.77 kPa

- 최대접지압 : $q_{max} = \dfrac{P_D}{A} + \dfrac{M_D}{Z} = \dfrac{11400}{100} + \dfrac{6 \times 11537.505}{10 \times 10^2}$ = 183.22 kPa

③ 0.9D + 1.0E : 지진시

- 설계수직하중(Pv) : 8730 kN

- 설계수평하중(Ph) : 1391.67 kN

- 회전모멘트(M) : 1.0 × 1260 × 9 + 1.0 × 131.67 × 1.5 = 11537.505 kN-m

- 최소접지압 : $q_{min} = \dfrac{P_D}{A} - \dfrac{M_D}{Z} = \dfrac{8730}{100} - \dfrac{6 \times 11537.505}{10 \times 10^2}$ = 18.07 kPa

- 최대접지압 : $q_{max} = \dfrac{P_D}{A} + \dfrac{M_D}{Z} = \dfrac{8730}{100} + \dfrac{6 \times 11537.505}{10 \times 10^2}$ = 156.52 kPa

다. 말뚝 두부 하중 산정

① 상시

- 수직하중 : $P_{max} = q_{max} B_i L_i$ = 126 × 1.25 × 1.25 = 196.87 kN

② 지진시

- 최대 수직하중 : $P_{max} = q_{max} B_i L_i$ = 183.22 × 1.25 × 1.25 = 286.28 kN

- 최소 수직하중 : $P_{min} = q_{min} B_i L_i$ = 18.07 × 1.25 × 1.25 = 28.23 kN

- 최대 수평하중 : $V_p = V/N_p$ = 1391.67 / 25 = 55.67 kN

여기서, N_p : 말뚝 총 본수

6.3 말뚝 부재력 산정

삼축 내진말뚝은 위에서 산정한 말뚝의 두부에 발생되는 하중을 이용하여 말뚝 개별 부재력을 산정한다.

- 최대 수직하중 : 286.28 kN 재하
- 최대 수평하중 : 28.23 kN 재하

[표 6.1] 말뚝 부재력 결과

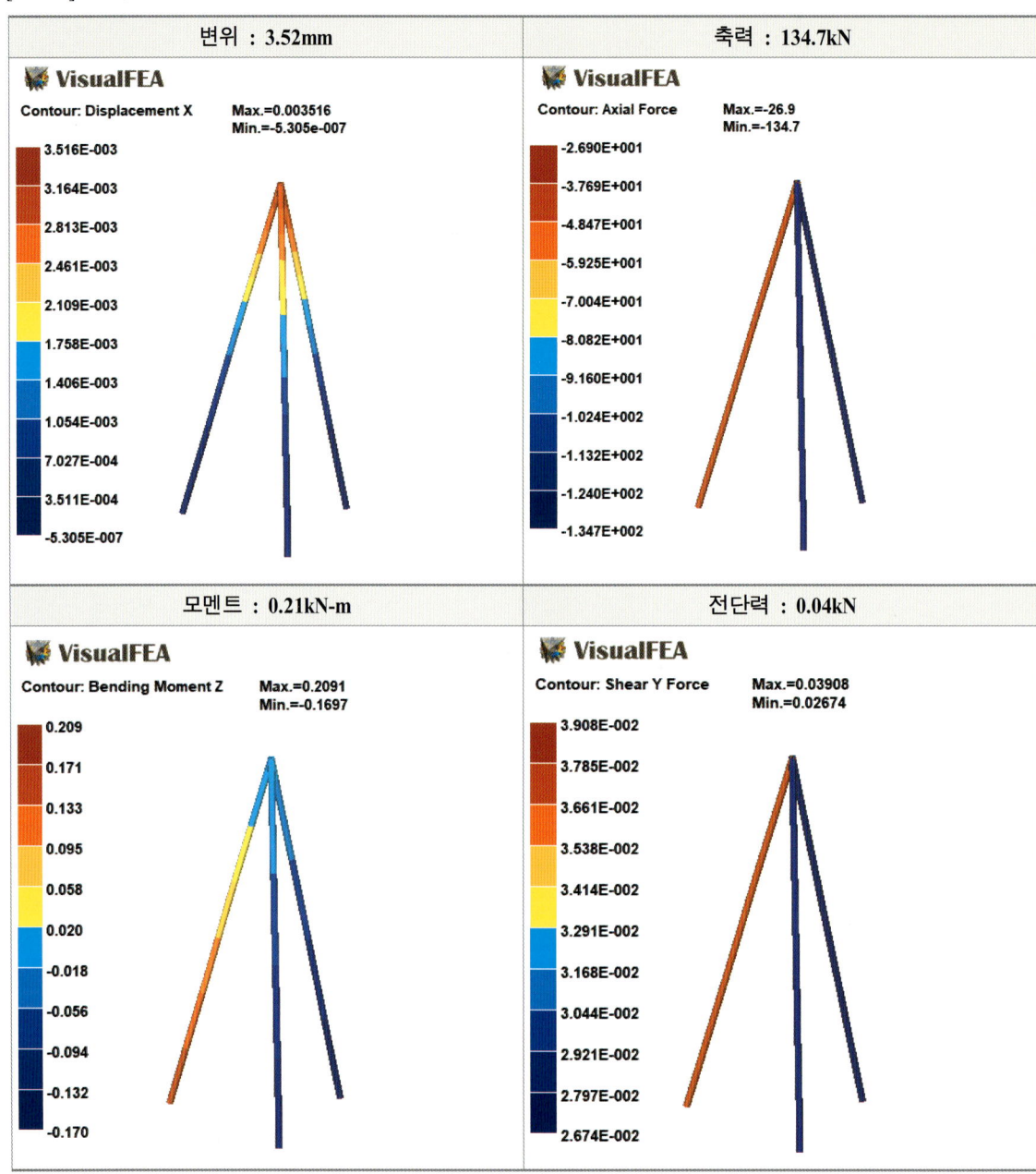

6.4 말뚝 부재력 안정성 검토

강관의 경우 말뚝 부재 응력에 대한 안정성 검토는 KDS 41 30 00 : 2019기준을 따르며, 삼축내진말뚝은 두부가 고정되어 있는 압축부재로 다음과 같이 안정성을 검토한다.

- 설계 압축 강도 : $P_D = \phi_c P_n = 0.9 P_n = 0.9(F_{cr} A_g)$

$F_y = 550\text{MPa}, F_u = 690\text{MPa},$

$r = \dfrac{\sqrt{D^2+d^2}}{4} = \dfrac{\sqrt{110^2+96^2}}{4} = 36.5$ (부식두께 2mm고려)

$\lambda = \dfrac{KL}{r} = \dfrac{0.5 \times 5000}{36.5} = 68.49$ (K = 0.5, 양쪽 구속조건)

$F_e = \dfrac{\pi^2 E}{\left(\dfrac{KL}{r}\right)^2} = \dfrac{\pi^2 210000}{68.49^2} = 441.39$ ($\dfrac{F_y}{F_e} = \dfrac{550}{441.39} = 1.24$)

$F_{cr} = \left[0.658^{\frac{F_y}{F_e}}\right] F_y = \left[0.658^{\frac{550}{441.39}}\right] 550 = 326.48$

$P_D = 0.9 P_n = 0.9(F_{cr} A_g) = 0.9 \times 326.48 \times \dfrac{\pi(110^2 - 96^2)}{4} = 665218 N = 665\, kN$

[표 6.2] 좌굴길이계수

이동에 대한 조건	구 속			자 유	
회전에 대한 조건	양단자유	양단구속	1단 자유 타단구속	양단구속	1단 자유 타단구속
단부의 지지상태에 따른 좌굴형태	L	0.5L	0.7L	L	2L
Lk 이론치	L	0.5L	0.7L	L	2L
Lk 추정치	L	0.65L	0.8L	1.2L	2.1L

- 말뚝의 설계축력 P_D = 665kN > 발생축력 134.7kN ……. ∴ O.K

6.5 말뚝 지지력 및 침하 검토

건축구조기준에서 말뚝의 침하량은 생략할 수 있다고 되어 있으며, 지반이 연약한 경우는 침하량을 산정한다. 말뚝의 지지력은 일반 말뚝 계산과 동일하게 검토한다.

6.5.1 검토조건

- N=40, 지지층이 6.0m인 경우 지지력 산정
- 말뚝의 설계 축력 P_D = 665kN

6.5.2 말뚝의 선단지지력 검토

$$\sigma_v = \gamma' H_{ave} = (19-10)\frac{1}{2}(6+12) = 81 \text{ kPa}$$

$$N_{corr} = \left[0.77\log_{10}\left(\frac{1.92}{\sigma_v'}\right)\right]N = \left[0.77\log_{10}\left(\frac{1.92}{0.081}\right)\right]40 = 32.6$$

$$q_p = \frac{0.038 N_{corr} D_b}{D} = \frac{0.038 \times 32.6 \times 3000}{500} = 7.432 \text{ MPa}$$

$$q_l = 0.4N = 0.4*40 = 16 \text{ MPa}$$

$$Q_P = q_p A_p = 7.432 \times \frac{\pi 0.5^2}{4} = 1.458 \text{ MPa}$$

6.5.3 말뚝의 주면마찰력

$$q_s = 0.0019 \overline{N} = 0.0019 \times 40 = 0.076 \text{ MPa}$$

$$Q_S = q_s A_s = 0.076 \times \pi \times 0.5 \times 6 = 0.716 \text{ MPa}$$

6.5.4 강도설계법에 의한 설계지지력

$$Q_R = \phi Q_n = 0.45(1.458 + 0.716) = 0.978 \text{ MPa} = 976 \text{ kN}$$

6.5.5 말뚝의 지지력 검토결과

앞에서 산정한 개별 말뚝의 최대 축력이 지지력 값 이하이면 안정하다.

$$Q_R = 976\text{kN} > P_D = 665\,kN > A_u = 134.7\,kN$$

설계하중에 의한 말뚝에 발생된 최대 축력 $A_u = 134.7\,kN$ 보다 말뚝 설계 축력 $P_D = 665\,kN$ 이 크므로 말뚝의 파괴는 발생하지 않으며, 강도설계법에 의한 설계지지력 Q_R = 976 kN 이 발생된 최대 축력 이상이므로 말뚝의 지지력은 안정한 것으로 검토되었다.

제 7 장

삼축내진말뚝을 활용한 복합기초 설계

7.1 개요

7.2 직접기초 접지압 산정

7.3 직접기초 지지력 산정

7.4 건축물 침하 검토

7.5 말뚝 분담에 의한 말뚝 하중 산정

7.6 말뚝 부재력 산정

7.7 말뚝 부재력 안정성 검토

7.8 말뚝 지지력 및 침하 검토

제 7 장 삼축내진말뚝을 활용한 복합기초 설계

7.1 개요

건축물 설계에서, 지반이 양호한 지반에서 직접기초로 하는데 지반의 지지력이 약간 부족한 경우 말뚝기초로 보강하여 직접기초+병용기초(Piled Raft Foundation)를 적용할 수 있다.

이 경우는 직접기초 계산과 말뚝기초 계산을 동시에 수행하여야 하며, 지반이 연약한 지반에는 적용하지 않는 것이 합리적이다.

예를 들면 직접기초의 지압응력 대비 지반의 지지력 비율이 30% 이내인 지반은 최소한 풍화토 이상, N=30이상에 적용해야 말뚝과 지반의 강성비 차이에 의한 문제점이 발생하지 않는다. 또는 지지력은 만족하는데 침하에서 만족하지 않는 경우 보강이 필요하다.

7.2 직접기초 접지압 산정

7.2.1 소규모 주택에 대한 하중 산정

약식계산에서 말뚝에 직접적으로 적용되는 하중으로 검토하면 다음과 같다.

- 사하중 : 건물하중 D
- 지진토압 : H(Pae)
- 수직 지진하중 : Ev
- 수평 지진하중 : Eh

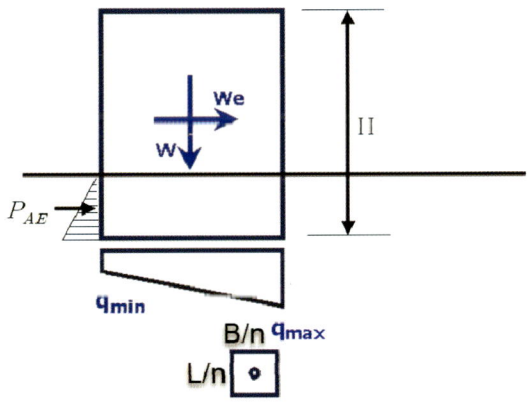

[그림 7.1] 지진시 건축물의 토압

7.2.2 하중조합

- 강도설계법 적용시

  ① 1.4D

  ② 1.2D + 1.0E

  ③ 0.9D + 1.0E

- 허용응력 설계법 적용시

  ① 1.0D

  ② D + 0.7E

  ③ 0.6D + 0.7E

7.2.3 적용하중 계산

- 건축물 : 지상 5층, 지하 1층, 층높이 3m 적용
- 기초폭 : B=10m, L=10m
- 건축물단위면적당 무게 : 15kN/m²

① 건축물 사하중 : $W = 6 \times 10 \times 10 \times 15 = 9000\,kN$

② 수직 지진하중 : $E_v = 0.5 \times 0.14 \times 9000 = 630\,kN$

③ 수평 지진하중 : $E_h = 0.14 \times 9000 = 1260\,kN$

④ 지진토압 : $P_{ae} = 13.167 \times L = 13.167 \times 10 = 131.67\ \text{kN/m}$

$$P_{ae} = \frac{1}{2}\gamma H^2 K_{ae} = \frac{1}{2} \times 19 \times 3^2 \times 0.154 = 13.167\ \text{kN}$$

$$EPGA_{ff} = S \times F_a \times \frac{2}{3} = 0.22 \times 1.4 \times \frac{2}{3} = 0.2053$$

$$K_{ae} = 0.75 \times EPGA_{ff} = 0.75 \times 0.2053 = 0.154$$

가. 하중조합별 검토

① 1.4D : 상시

  - 설계하중 : 1.4 × 9000 = 12600 kN

② 1.2D + 1.0E : 지진시

  - 설계수직하중(Pv) : 1.2 × 9,000 + 1.0 × 630 = 11,400.00 kN
  - 설계수평하중(Ph) : 1.0 × 1,260 + 1.0 × 131.67 = 1,391.67 kN

③ 0.9D + 1.0E : 지진시

- 설계수직하중(Pv) : 0.9 × 9,000 + 1.0 × 630 = 8,730.00 kN
- 설계수평하중(Ph) : 1.0 × 1,260 + 1.0 × 131.67 = 1,391.67 kN

나. 접지압 분포

① 1.4D : 상시

- 접지압 : 12600 / 100 = 126 kPa

② 1.2D + 1.0E : 지진시

- 설계수직하중(Pv) : 11,400 kN
- 설계수평하중(Ph) : 1,391.67 kN
- 회전모멘트(M) : 1.0 × 1,260 × 9 + 1.0 × 131.67 × 1.5 = 11,537.505 kN-m
- 최소접지압 : $q_{min} = \dfrac{P_D}{A} - \dfrac{M_D}{Z} = \dfrac{11400}{100} - \dfrac{6 \times 11537.505}{10 \times 10^2}$ = 44.77 kPa
- 최대접지압 : $q_{max} = \dfrac{P_D}{A} + \dfrac{M_D}{Z} = \dfrac{11400}{100} + \dfrac{6 \times 11537.505}{10 \times 10^2}$ = 183.22 kPa

③ 0.9D + 1.0E : 지진시

- 설계수직하중(Pv) : 8730 kN
- 설계수평하중(Ph) : 1391.67 kN
- 회전모멘트(M) : 1.0 × 1260 × 9 + 1.0 × 131.67 × 1.5 = 11537.505 kN-m
- 최소접지압 : $q_{min} = \dfrac{P_D}{A} - \dfrac{M_D}{Z} = \dfrac{8730}{100} - \dfrac{6 \times 11537.505}{10 \times 10^2}$ = 18.07 kPa
- 최대접지압 : $q_{max} = \dfrac{P_D}{A} + \dfrac{M_D}{Z} = \dfrac{8730}{100} + \dfrac{6 \times 11537.505}{10 \times 10^2}$ = 156.52 kPa

7.3 직접기초 지지력 산정

7.3.1 상시

(1) 지반의 허용지지력은 다음 식으로 산정한다.

- 허용지지력 :

$$q_a = \frac{1}{3}(\alpha \cdot c \cdot N_c + \beta \cdot \gamma_1 \cdot B \cdot N_r + \gamma_2 \cdot D_f \cdot N_q)$$

여기서, q_a : 허용지지력(kN/m²)

c : 기초저면 하부지반의 점착력(kN/m²)

γ_1 : 기초저면 하부지반의 단위체적중량(kN/m³)

γ_2 : 기초저면 상부지반의 단위체적중량(kN/m³)

(γ_1, γ_2 : 지하수위 위치를 고려하여 단위체적중량 값을 환산한다.)

α, β : [표 7.1]에 표시한 형상계수

N_c, N_r, N_q : [표 7.2]에 표시한 지지력계수 내부마찰각 ϕ의 함수

D_f : 기초에 근접한 최저지반에서 기초저면까지의 깊이(m), 인접 대지에서 흙파기를 시행할 경우가 예상될 때에는 그 영향을 고려하여야 한다.

B : 기초저면의 최소폭(m), 원형일 때에는 지름

[표 7.1] 형상계수

기초저면의 형상	연속	정방형	장방형	원형
α	1.0	1.3	$1.0 + 0.3 B/L$	1.3
β	0.5	0.4	$0.5 - 0.1 B/L$	0.3

* B : 장방형 기초의 단변길이
  L : 장방형 기초의 장변길이

[표 7.2] 지지력계수

ϕ	N_c	N_r	N_q
0°	5.7	0.0	1.0
5°	7.3	0.5	1.6
10°	9.6	1.2	2.7
15°	12.9	2.5	4.4
20°	17.7	5.0	7.4
25°	25.1	9.7	12.7
30°	37.2	19.7	22.5
35°	57.8	42.4	41.4
40°	95.7	100.4	81.3
45°	172.3	297.5	173.3
48°	258.3	780.1	287.9
50°	347.5	1153.2	415.1

(2) N=20, ∅=30° 일때

① 특별한 시험값이 없고 N값만 조사한 경우는 보수적으로 $\phi = \sqrt{12N}+15$을 적용한다.

$\phi = \sqrt{12N}+15 = 30$

② 별도의 시험을 하지 않고 N 값만 있는 경우는 C=0로 간주한다. 표에 없는 값은 다음 식을 이용하여 산정하여도 된다.

$$N_q = \frac{e^{2(3\pi/4-\phi/2)\tan(\phi)}}{2\cos^2(45+\phi/2)}$$

$$N_r = \frac{2(N_q-1)\tan(\phi)}{1+0.4\sin(4\phi)}$$

$$N_c = \cot(N_q-1)$$

$N_q = 22.5 \qquad N_r = 19.7 \qquad N_c = 37.2$

$$q_a = \frac{1}{3}(\alpha \times c \times N_c + \beta \times \gamma_1 \times B \times N_r + \gamma_2 \times D_f \times N_q)$$

$$= \frac{1}{3}(1.3 \times 0 \times N_c + 0.4 \times (18-10) \times 10 \times 19.7 + 18 \times 3 \times 22.5)$$

$$= \frac{1}{3}(0 + 630.4 + 1215) = 615.13\,kPa$$

7.3.2 지진시

(1) 지진시에 대한 기준은 명확하게 제시되어 있지 않으며, 지진시 내부마찰각은 평상시보다 2도 작고, 유효폭이 감소하는 식으로 응용하여 적용하면 다음과 같다.

$\phi_{dy} = \phi - 2 = 30° - 2 = 28°$

$B_{dy} = B - 2e = 10 - (2 \times 1.2022) = 7.5956$

$N_q = 18.7 \qquad N_r = 15.7$

$$q_{aE} = \frac{1}{2}(\alpha \times c \times N_c + \beta \times \gamma_1 \times B \times N_r + \gamma_2 \times D_f \times N_q)$$

$$= \frac{1}{2}(1.3 \times 0 \times N_c + 0.4 \times (18-10) \times 10 \times 15.7 + 18 \times 3 \times 18.7)$$

$$= \frac{1}{2}(0 + 502.4 + 1009.8) = 756.1\,kPa$$

7.4 건축물 침하 검토

7.4.1 상시

침하는 즉시침하와 압밀침하에 대한 검토를 수행하여야 한다. 일반적으로 건축에서는 즉시침하와 압밀침하를 정확히 구별하지 못하여 건축물이 시공된 후 시간이 지난 다음에야 부등침하 또는 압밀침하로 건축물의 손상이 발생되는 경우가 있다. 건축물의 장기적인 안정을 위해서는 반드시 수행하여야 한다.

단순한 공학적인 용어로 정리하면 다음과 같다.

- 즉시침하 : 전단변형 또는 탄성침하
- 압밀침하 : 압축변형 또는 수축침하

가. 즉시침하

즉시침하는 간단하게 다음 식으로 간략하게 산정할 수 있다. 다음 식은 하부 지층이 단일지층 또는 다층지반을 단일지층으로 가정하여 산정할 수 있기 때문에 설계에 직접 사용하기는 어려울 수 있으며, 예비검토로 사용할 수 있다.

$$S_E = I_S(1-\nu^2)qB/E_S$$

여기서, S_E : 즉시침하량(m)

I_S : 기초저면의 형상과 강성에 따라 정해지는 계수, 표 4.1-3 참조

q : 기초에 작용하는 단위면적당 하중(kN/m²)

B : 기초의 단변길이(원형의 경우는 지름)(m)

L : 기초의 장변길이(m)

E_S : 지반의 탄성계수(kN/m²)

ν : 지반의 포아송비

[표 7.3] 침하계수 I_s(유연한 기초의 경우)

기초저면 형상		기초저면 상의 위치	I_s
원형(지름 B)		중앙	1.00
장방형($B \times L$)	$L/B = 1$	중앙	1.12
	1.5		1.36
	2.0		1.52
	2.5		1.68
	3.0		1.78
	4.0		1.96
	5.0		2.10
	10.0		2.54

암반의 변형계수인 E_m은 현장시험과 실내시험의 결과를 바탕으로 결정되어야 한다. 또는 E_m은 암질지수(RQD)로부터 계산된 암반의 불연속면의 빈도를 고려한 저항계수 α_E와 일축압축시험으로부터 구한 신선암의 탄성계수 E_0를 곱하여 다음과 같이 구할 수 있다(Gardner, 1987).

$$E_m = \alpha_E E_0$$

여기서, $\alpha_E = 0.0231(RQD) - 1.32 \geq 0.15$

- 탄성계수 : N=20, $E_s = 0.7 N_1 = 0.7 \times 20 = 14\,MPa$

$$S_E = I_S(1-\nu^2)qB/E_S = \frac{1.12(1-0.33^2)75 \times 10}{14000} = 0.0534 = 53.4mm > 25mm \ \ldots\ldots\ \therefore\ N.G$$

따라서, N=20인 경우는 지지력은 안전하나, 지반의 즉시침하가 문제되므로 N=20인 경우에는 5층 건축물을 세우는 되는 문제가 있다.

[표 7.4] 미 해군성(1982)과 Bowles(1988) 이후에 수정된 다양한 흙에 대한 변형계수

흙의 종류	값의 전형적인 범위 변형계수, E_s(MPa)	포아송비 ν	N값을 이용한 E_s의 산정	
			흙의 종류	E_s(MPa)
점성토: 부드럽고 민감 중간정도 굳거나 굳음 매우 굳음	2.4~15 15~50 50~100	0.4~0.5 (비배수)	실트, 사질토질 실트, 약간의 점착력 혼합토	$0.4N_1$
			매우 가늘거나 중간정도의 사질토와 약간의 실트질 사질토	$0.7N_1$
			굵은 사질토와 약간의 자갈이 섞인 사질토	$1.0N_1$
			사질토질의 자갈과 자갈	$1.1N_1$
황토 실트	15~60 2~20	0.1~0.3 0.3~0.35	사질토질의 자갈과 자갈	$1.1N_1$
가는 사질토: 느슨 중간 조밀	7.5~10 10~20 20~25	0.25	S_u을 이용한 E_s의 산정	
사질토: 느슨 중간 조밀	10~25 25~50 50~75	0.20~0.35 0.30~0.40	부드럽고 민감한 점성토 중간정도 굳거나 굳은 점성토 매우 굳은 점성토	$400S_u$~$1000S_u$ $1500S_u$~$2400S_u$ $3000S_u$~$4000S_u$
자갈: 느슨 중간 조밀	25~75 75~100 100~200	0.2~0.35 0.3~0.4	q_c을 이용한 E_s의 산정	
			사질토질의 흙	$4q_c$

7.4.2 지진시 및 지층을 고려한 상세 침하 검토

지진시 하중분포는 다음과 같으며, 이러한 경우는 단순식으로 침하량 산정이 불가능하다. 또한 지반의 지층이 대부분 다층이어서 지층별 침하량이 다를 수 있다.

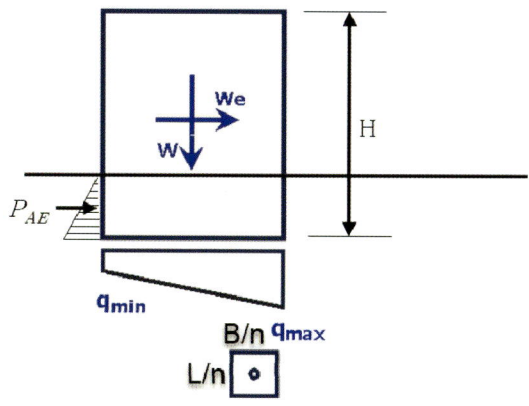

[그림 7.2] 지진시 건축물의 토압

이러한 경우 지중응력을 산정하여 침하량을 산정하는 방법을 적용한다.

건축구조 설계기준에서는 기초의 연직하중에 따라 생기는 지중응력의 연직방향성분은 다음 식에 따라 산정하도록 되어 있다.

$$\Delta \alpha_z = \frac{P_c \cdot 3 Z_s^3}{2\pi \cdot R^5}$$

여기서, $\Delta \sigma_z$: 지중의 임의점에서의 연직응력증분(kN/m²)
           P_c : 지표면에 작용하는 연직집중하중(kN)
           Z_s : 지표면에서 임의의 점까지의 깊이(m)
           R : 하중의 작용점에서 임의의 점까지의 거리(m)

위의 식을 이용하여 지진시 발생되는 수직 증가 지진하중과 수평지진력에 의한 삼각형 하중의 지반응력 증분을 다음과 같이 산정할 수 있다.

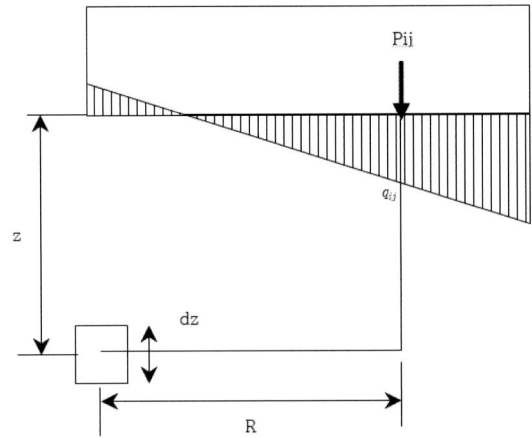

[그림 7.3] 수직 증가 지진하중과 수평지진력에 의한 삼각형 하중

$$\Delta \alpha_z = \sum_{i=1}^{m}\sum_{j=1}^{n} \frac{P_{ij} \cdot 3Z_s^3}{2\pi \cdot R^5} = \sum_{i=1}^{m}\sum_{j=1}^{n} \frac{P_{ij} \cdot 3Z_s^3}{2\pi \cdot (\sqrt{X^2+Y^2})^5}$$

단, 연직하중이 (-)인 경우는 0으로 한다. Pij값은 기초를 적당한 개수로 나누어 산정한다.

$$B_i = B/M,\ L_j = L/N,\ P_{ij} = q_{ij}B_iL_j$$

이러한 경우 단순 산술식으로는 풀기가 어려우면 전산해석을 이용하여야 한다.

- 지진하중에 의한 하중분포 산정

① 지진시 수직하중 및 접지압

$$W_{vE} = C_{vy}W = \frac{1}{2}C_{cx}W = 0.5 \times 0.14 \times 7500 = 525 \text{ kN}$$

$$q_1 = W_{vE}/A = 525 / 100 = 5.25 \text{ kPa}$$

② 수평 지진하중에 대한 접지압

$$M = V(\frac{H}{2}) = (1.0 \times 1050)(\frac{18}{2}) + (1.0 \times 131.67)(\frac{3}{2}) = 9647.505$$

$$q_{\min} = q_1 - \frac{M}{Z} = q_1 - \frac{6M}{BH^2} = 5.25 - (6 \times 9647.505/(10 \times 10^2)) = -52.635 \text{ kPa}$$

$$q_{\max} = q_1 + \frac{M}{Z} = q_1 + \frac{6M}{BH^2} = 5.25 + (6 \times 9647.505/(10 \times 10^2)) = 63.135 \text{ kPa}$$

$$S = \sum_{i=1}^{M}\sum_{j=1}^{N} \frac{P_{ij}}{\pi Er}(1-v^2)$$

바닥부의 응력 점하중을 다음과 같이 가정하여 프로그램을 이용하여 산정하면 다음과 같다.

[표 7.5] 바닥부 응력 점하중

P_1_1	P_1_2	P_1_3	P_1_4	P_1_5	P_1_6	P_1_7	P_1_8	P_1_9	P_1_10
P_2_1	P_2_2	P_2_3	P_2_4	P_2_5	P_2_6	P_2_7	P_2_8	P_2_9	P_2_10
P_3_1	P_3_2	P_3_3	P_3_4	P_3_5	P_3_6	P_3_7	P_3_8	P_3_9	P_3_10
P_4_1	P_4_2	P_4_3	P_4_4	P_4_5	P_4_6	P_4_7	P_4_8	P_4_9	P_4_10
P_5_1	P_5_2	P_5_3	P_5_4	P_5_5	P_5_6	P_5_7	P_5_8	P_5_9	P_5_10
P_6_1	P_6_2	P_6_3	P_6_4	P_6_5	P_6_6	P_6_7	P_6_8	P_6_9	P_6_10
P_7_1	P_7_2	P_7_3	P_7_4	P_7_5	P_7_6	P_7_7	P_7_8	P_7_9	P_7_10
P_8_1	P_8_2	P_8_3	P_8_4	P_8_5	P_8_6	P_8_7	P_8_8	P_8_9	P_8_10
P_9_1	P_9_2	P_9_3	P_9_4	P_9_5	P_9_6	P_9_7	P_9_8	P_9_9	P_9_10
P_10_1	P_10_2	P_10_3	P_10_4	P_10_5	P_10_6	P_10_7	P_10_8	P_10_9	P_10_10

$$S_{\min} = \sum_{i=1}^{M}\sum_{j=1}^{N} \frac{\Delta P_{ij}}{\pi ER_{ij}}(1-v^2) = 11.45 \text{ mm}$$

$$S_{\max} = \sum_{i=1}^{M}\sum_{j=1}^{N} \frac{\Delta P_{ij}}{\pi E(R-R_{ij})}(1-v^2) = 18.93 \text{ mm}$$

- 지진시 부등침하는 다음과 같다.

$$\delta = \frac{S_{\max}-S_{\min}}{B} = \frac{18.93-11.45}{10,000} = 1/1336 < 1/500$$

- 지진시 건축물 최상단 움직이는 폭 : 건물의 높이가 18m인 경우

$$\delta_{dx} = H\delta = 18,000 \times (1/1336) = 13.47 \text{mm}$$

7.5 말뚝 분담에 대한 말뚝 하중 산정

7.5.1 말뚝 두부 하중 산정

직접기초에 발생되는 접지압 75kPa의 응력에서 기초 침하량은 53mm로 지반에 직접 전달되는 접지압 30kPa일 때 침하량은 다음과 같다.

$$S_E = I_S(1-\nu^2)qB/E_S = \frac{1.12(1-0.33^2)30 \times 10}{14000} = 0.0214$$

$$= 21.4mm < 25mm \quad \therefore \text{ O.K}$$

지반에 작용하는 접지압의 45kPa에 해당하는 항에 대한 부분을 말뚝에 전달되도록 계획하여 말뚝기초+직접기초의 형태를 적용한다.

7.5.2 상시

- 수직하중 : $P_D = q_D B_i L_i$ = 45 × 2.5 × 2.5 = 281.25 kN
- 배열 : 4 X 4 = 16 SET

7.5.3 지진시

- 수직하중 : $P_D = q_D B_i L_i$ = 45 × 2.5 × 2.5 = 281.25 kN
- 최대 수평하중 : $V_p = (\eta V)/N_p = (\frac{45}{75}1391.67)/16$ = 52.19 kN

  여기서, N_p : 말뚝 총 본수

7.6 말뚝 부재력 산정

삼축 내진말뚝은 위에서 산정한 말뚝의 두부에 발생되는 하중을 이용하여 말뚝 개별 부재력을 산정한다.

- 최대 수직하중 : 281.25 kN 재하
- 최대 수평하중 : 52.19 kN 재하

[표 7.6] 말뚝 부재력 결과 (1)

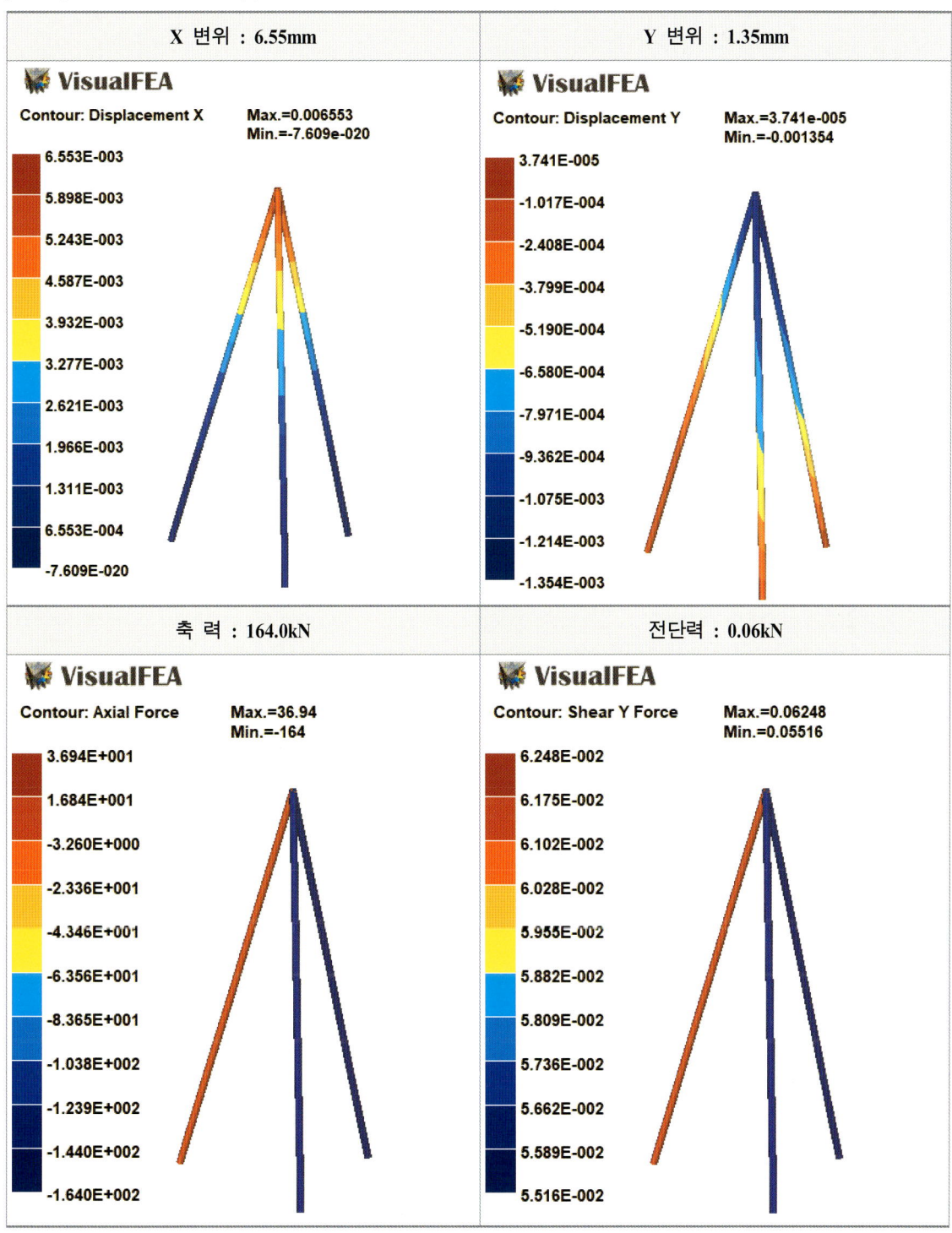

[표 7.7] 말뚝 부재력 결과 (2)

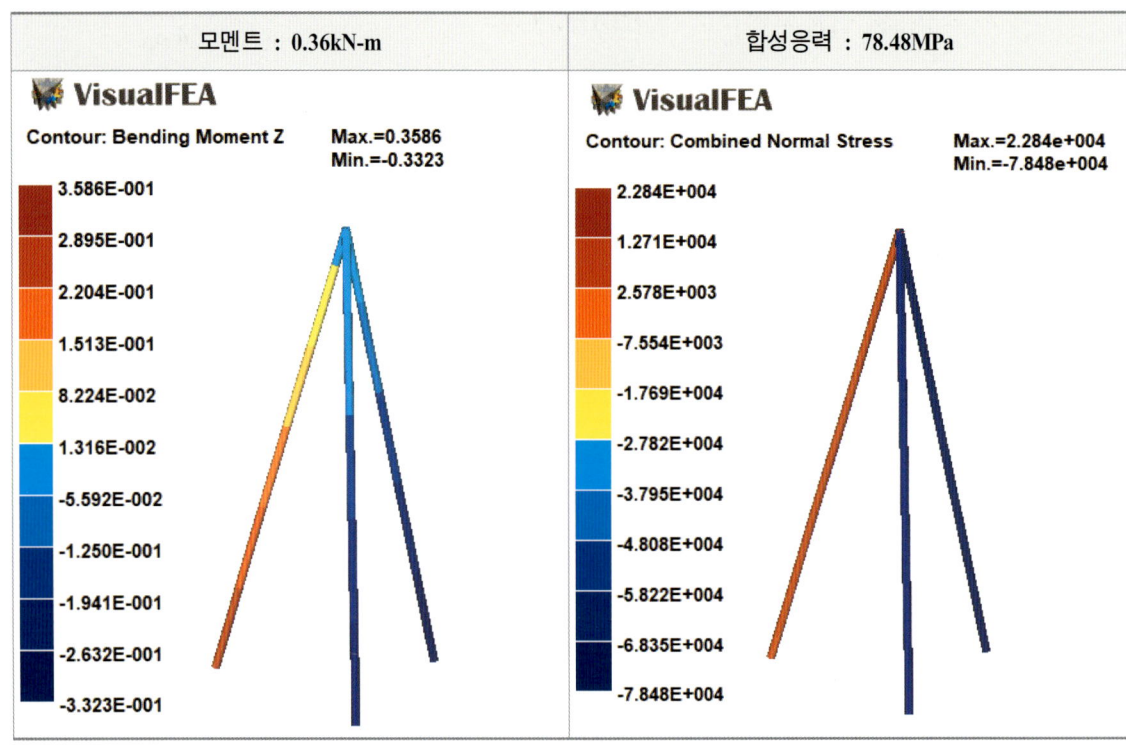

7.7 말뚝 부재력 안정성 검토

강관의 경우 말뚝 부재 응력에 대한 안정성 검토는 KDS 41 30 00 : 2019기준을 따르며, 삼축내진말뚝은 두부가 고정되어 있는 압축부재로 다음과 같이 안정성을 검토한다.

- 설계 압축 강도 : $P_D = \phi_c P_n = 0.9 P_n = 0.9(F_{cr} A_g)$

$$F_y = 550\text{MPa},\ F_u = 690\text{MPa},$$

$$r = \frac{\sqrt{D^2 + d^2}}{4} = \frac{\sqrt{110^2 + 96^2}}{4} = 36.5 \quad \text{(부식두께 2mm고려)}$$

$$\lambda = \frac{KL}{r} = \frac{0.5 \times 5000}{36.5} = 68.49 \quad \text{(K = 0.5, 양쪽 구속조건)}$$

$$F_e = \frac{\pi^2 E}{\left(\frac{KL}{r}\right)^2} = \frac{\pi^2 210000}{68.49^2} = 441.39 \quad \left(\frac{F_y}{F_e} = \frac{550}{441.39} = 1.24\right)$$

$$F_{cr} = \left[0.658^{\frac{F_y}{F_e}}\right]F_y = \left[0.658^{\frac{550}{441.39}}\right]550 = 326.48$$

$$P_D = 0.9P_n = 0.9(F_{cr}A_g) = 0.9 \times 326.48 \times \frac{\pi(110^2 - 96^2)}{4} = 665218 N = 665\,kN$$

[표 7.8] 좌굴길이계수

이동에 대한 조건		구 속			자 유	
회전에 대한 조건		양단자유	양단구속	1단 자유 타단구속	양단구속	1단 자유 타단구속
단부의 지지상태에 따른 좌굴형태		L	0.5L	0.7L	L	2L
Lk	이론치	L	0.5L	0.7L	L	2L
	추정치	L	0.65L	0.8L	1.2L	2.1L

- 말뚝의 설계축력 P_D = 665.0kN > 발생축력 164.0kN .... ∴ O.K

7.8 말뚝 지지력 및 침하 검토

건축구조기준에 따르면 말뚝의 침하량은 생략할 수 있다고 되어 있으며, 지반이 연약한 경우는 침하량을 산정한다. 말뚝의 지지력은 일반 말뚝 계산과 동일하게 검토한다.

7.8.1 검토조건

- N=40, 지지층이 6.0m인 경우 지지력 산정
- 말뚝의 설계 축력 P_D = 665kN

7.8.2 말뚝의 선단지지력 검토

$$\sigma_v = \gamma' H_{ave} = (19-10)\frac{1}{2}(6+12) = 81 \text{ kPa}$$

$$N_{corr} = \left[0.77\log_{10}\left(\frac{1.92}{\sigma_v'}\right)\right]N = \left[0.77\log_{10}\left(\frac{1.92}{0.081}\right)\right]40 = 32.6$$

$$q_p = \frac{0.038 N_{corr} D_b}{D} = \frac{0.038 \times 32.6 \times 3000}{500} = 7.432 \text{ MPa}$$

$$q_l = 0.4N = 0.4 \times 40 = 16 \text{ MPa}$$

$$Q_P = q_p A_p = 7.432 \times \frac{\pi 0.5^2}{4} = 1.458 \text{ MPa}$$

7.8.3 말뚝의 주면마찰력

$$q_s = 0.0019\overline{N} = 0.0019 \times 40 = 0.076 \text{ MPa}$$

$$Q_S = q_s A_s = 0.076 \times \pi \times 0.5 \times 6 = 0.716 \text{ MPa}$$

7.8.4 강도설계법에 의한 설계지지력

$$Q_R = \phi Q_n = 0.45(1.458 + 0.716) = 0.978 \text{ MPa} = 976 \text{ kN}$$

7.8.5 말뚝의 지지력 검토결과

앞에서 산정한 개별 말뚝의 최대 축력이 지지력 값 이하이면 안정하다.

$$Q_R = 976 \text{kN} > P_D = 665\,kN > A_u = 164\,kN$$

설계하중에 의한 말뚝에 발생된 최대 축력 $A_u = 164\,kN$ 보다 말뚝 설계 축력 $P_D = 665\,kN$ 이 크므로, 말뚝의 파괴는 발생하지 않으며 강도설계법에 의한 설계지지력 $Q_R = 976$ kN 이 발생된 최대 축력 이상이므로 말뚝의 지지력은 안정한 것으로 검토되었다.

제 8 장   소구경 말뚝 공법

8.1 **소구경 말뚝의 정의**

8.2 **소구경 말뚝의 역사**

8.3 **소구경 말뚝의 분류**

8.4 **소구경 말뚝의 설계법**

8.5 **소구경 말뚝의 설계(예)**

제 8 장 소구경 말뚝 공법

8.1 소구경 말뚝의 정의

소구경 말뚝은 직경이 300mm이하의 강관 말뚝을 말하며, 보통 강재와 천공 후 그라우트로 보강되는 말뚝이다.

소구경 말뚝의 구조적 지지능력은 하중의 대부분을 지지하고 있는 고강도 강재에 의존하며, 소구경 말뚝의 크기는 120~170mm이고, 이보다 작은 경우도 있다. 강재의 부피는 굴착공 부피의 절반정도 차지한다고 본다. 소구경 말뚝은 그라운드 앵커와 비슷한 방식으로 그라우트와 지반의 마찰력으로 강재가 지지하는 외부 하중을 지반으로 전달한다.

8.2 소구경 말뚝의 역사

소구경 말뚝은 1950년대 초 이탈리아에서 처음 고안되었다. 이는 역사적인 건물에 손상을 주지 않고 협소한 공간에서 시공하기 유리한 소구경 말뚝이 적용되기 시작하였다.

1960년대는 영국에 소개되었고, 1965에는 독일의 지하 도시 교통망에도 적용되었다. 뿌리말뚝(Root Pile)은 특허 문제로 마이크로 파일로 대체 되었다.

초기의 건축물 보강이 대부분이었으며, 횡방향으로 구속된 지반/말뚝 복합체(Laterally confined soil/pile composite structure)말뚝이 소개되었다.

1973년에는 북미지역에 소개되었고, 1987년 이후 재개발 프로젝트와 함께 급속히 성장하였다.

㈜에스와이텍의 삼축내진말뚝은 기존의 그룹으로 보강되던 구조를 3개의 축으로 한점에 고정하는 방식으로 트러스 구조체를 만들면서 단축 말뚝으로 적용이 가능하도록 개발하였다.

기존에는 그룹으로 하거나 많은 수의 말뚝으로 되어 있어 명확한 하중계산이 어려웠으나, 삼축내진 말뚝은 3축 트러스 형태로 결합하는 시스템으로 360도 지진의 방향에 적용될 수 있도록 개발하여 내진 성능에 우수하게 개발하였다.

8.3 소구경 말뚝의 분류

8.3.1 말뚝 구조적 분류

1) 단일지지말뚝

단일지지말뚝은 말뚝에 작용되는 하중으로 작용되도록 하는 방법

2) 지반보강형 말뚝

지반의 강성이 양호한 경우에 강관과 지반과 합성 강성체로 지반을 보강하는 방법

3) 3축지지 말뚝

3개축으로 경사지게 설치하여 수평력에 취약한 마이크로 파일을 수평력에 지지할 수 있도록, 트러스 구조로 하여 단일 하중에 작용할 수 있도록 한 구조.

8.3.2 그라우트 방법에 의한 분류

1) 중력 그라우트 : TYPE-A

2) 가압 그라우트 : TYPE-B

3) 포스트 그라우트 : TYPE-C, D

8.4 소구경 말뚝의 설계법

8.4.1 개요

소구경 말뚝은 주면마찰력과 선단지지력으로 나누어지는데, 선단 부 면적이 작기 때문에 토사층인 경우는 선단지지력은 무시하여도 된다. 선단지지력 효과가 좋은 암반층을 지지층으로 한 경우는 선단지지층 효과가 크므로 고려하는 것이 합리적이다.

현재까지는 KDS코드에는 제시되어 있지 않으며 프랑스 코드와 유로코드의 문헌들이 있지만, 국내에서는 "건설공사설계기준 2006, 비탈면 설계기준"에 제시된 극한 주면 마찰력과 말뚝 선단지지력 식을 이용하여 산정하는 것으로 설계한다.

주입압이 1MPa 이상인 경우는 다음과 같이 전공 직경을 보정해준다. 이는 프랑스 코드에서 참조한 것이다.

$$D = \alpha D_0$$

여기서,　　D : 보정 천공 직경

α : 보정계수 1.1~2.0(지반특성에 따름)

[표 8.1] 마이크로파일과 그라운드 앵커의 종류 및 토질에 따른 보정계수 (CCTG, 1993)

Soil type		Coefficient a_c	
Anchor Type ⇒		IGU	IRS
Micropile Tpye ⇒		Type C	Type D
Gravel		1.3 – 1.4	1.8
Sandy Gravel		1.2 – 1.4	1.6 – 1.8
Gravely Sand		1.2 – 1.3	1.5 – 1.6
Coarse Sand		1.1 – 1.2	1.4 – 1.5
Medium Sand		1.1 – 1.2	1.4 – 1.5
Fine Sand		1.1 – 1.2	1.4 – 1.5
Silty Sand		1.1 – 1.2	1.4 – 1.5
Silt		1.1 – 1.2	1.4 – 1.6
Clay		1.2	1.8 – 2.0
Marl		1.1 – 1.2	1.8

8.4.2 극한주면마찰력

소구경 말뚝은 극한주면마찰력이 중요하다. 현재까지 국내 설계기준 코드는 없으며, "건설공사설계기준 2006, 비탈면 설계기준"에서 소개된 일본에서 적용되고 있던 자료가 현재까지는 설계에서 유용하게 사용할 수 있다.

$$R_{fu} = \tau_u \pi DL$$

여기서, R_{fu} : 극한주면마찰력

τ_u : 극한주면마찰 저항 강도

D : 설계 천공경

L : 정착길이

[표 8.2] 극한마찰저항 강도

지반의 종류	지반 등급		극한마찰저항강도(τ_u, kPa)	
			최솟값	최댓값
암반	경암		1500	2500
	연암		1000	1500
	풍화암		600	1000
	파쇄대		600	1200
모래자갈	N값	10	100	200
		20	170	250
		30	250	350
		40	350	450
		50	450	700
모래	N값	10	100	140
		20	180	220
		30	230	270
		40	290	350
		50	300	400
점성토			1.0c (c는 점착력)	

8.4.3 선단지지력

선단지지력은 N=30이상 양호한 지반에 지지되는 경우 선단지지효과가 크다고 판단될 때 적용한다.

▶ KDS 11 50 20 : 2018 깊은기초 설계기준(한계상태설계법)

2. 타입말뚝

2.4 구조설계

(4) 현장 원위치시험을 통한 말뚝지지력의 평가

② 표준관입시험(SPT)을 이용한 방법은 사질토 및 비소성 실트에 대해 적용한다.

가. 말뚝 선단지지력

(가) 사질토에서 깊이 D_b까지 타입된 말뚝의 공칭 단위 선단지지력은 다음과 같고, 단위는 MPa이다.

$$q_p = \frac{0.038 N_{corr} D_b}{D} \leq q_l \quad (2.3\text{-}11)$$

여기서, $N_{corr} = \left[0.77 \log_{10}\left(\frac{1.92}{\sigma_v'}\right)\right] N \quad (2.3\text{-}12)$

여기서,

N_{corr} = 상재응력 σ_v'에 대하여 수정한 말뚝 선단근처의 대표적인 SPT 타격횟수(타/300 mm)

N = SPT 타격횟수(타/300 mm)

D = 말뚝의 폭 또는 직경(mm)

D_b = 지지층에 관입된 말뚝길이 (mm)

q_l = 한계 선단지지력으로 사질토인 경우 $0.4 N_{corr}$, 비소성 실트인 경우 $0.3 N_{corr}$을 사용한다(MPa).

8.4.4 무리말뚝 고려

▶ KDS 41 20 00 : 2019 건축물 기초구조 설계기준

> 4. 설계
>
> 4.4 말뚝기초
>
> 4.4.3.1 무리말뚝
>
> (1) 다수의 말뚝에 의하여 지지되는 기초에 있어서 무리말뚝으로서의 지지력 및 침하를 검토하여 그 내력을 정하여야한다. 이때 무리말뚝의 효율은 식 (4.4-1)로 산정할 수 있다.
>
> $$\eta = \frac{Q_{g(u)}}{\Sigma Q_u} \quad (4.4\text{-}1)$$
>
> 여기서, η : 무리말뚝효율
> $Q_{g(u)}$: 무리말뚝의 극한지지력
> ΣQ_u : 외말뚝들의 지지력 합
>
> (2) 최근 공동주택 수직증축 시 기존말뚝에 보강말뚝을 추가하는 경우에도 무리말뚝효과를 검토하여 파일의 내력을 결정하여야 한다.

- 무리말뚝의 효율계수는 다음과 같이 산정한다.

1) 암반인 경우 : $\eta = 1$

2) 가압그라우트인 경우 : $\eta = 1$

3) 점토 지반 s > 3D : $\eta = 1$

4) 점토 지반 s < 3D

$$\eta = \frac{1}{4}(1 + \frac{s}{D}), \ 1 < \frac{s}{D} < 3$$

5) 사질토 지반

$$\eta = 1 - \frac{\operatorname{atan}(D/s)}{\pi/2}(1 - \frac{1}{n_c} - \frac{1}{n_r})$$

6) 블록파괴

$$Q_{gu} = BLcN_c + 2(B+L)Hc_{av}$$

여기서, Q_{gu} : 무리말뚝외 극한 지지력
c : 말뚝 저부 지지력
H : 말뚝 깊이
N_c : 깊이 H에서의 지지력 계수
B, L : 말뚝 적용된 가로, 세로 폭
c_{av} : 지표면과 깊이H 사이의 평균 점착력

s : 말뚝 설치 간격

D : 말뚝 직경

n_c, n_r : 말뚝의 횡, 열 개수

8.4.5 구조설계

시공중에 소구경 말뚝 주변이 흙으로 완전히 채워지지 않거나 혹은 말뚝 주변의 흙의 탄성계수가 0.5MPa 미만인 경우는 좌굴에 대한 안정성 검토를 수행하여야 한다.

$$F_{cb} = n_e^2 \times F_{ce} + \frac{1}{n_e^2} \frac{f_e^2}{F_{ce}}$$

여기서, $F_{ce} = \dfrac{\pi E_p I_p}{4L}$ (자유단)

$F_{ce} = \dfrac{\pi E_p I_p}{L}$ (고정단)

8.5 소구경 말뚝의 설계 (예)

8.5.1 설계조건

- 건물 제원 : 5층
- 말뚝 제원 : 114.3mm, t=9.0mm
- 말뚝길이 : 6.0m
- 지반특성 : 단위중량 19.0kN/m²

    N : Layer1, N = 30, L=4m

        Layer2, N = 40, L=1m

- 저항계수 : 0.45(SPT적용시)

8.5.2 말뚝의 설계지지력

가, 설계지지력 산정법(KDS 11 50 20 : 2018)

말뚝 항타나 말뚝재하시험에서 측정한 현장 계측치를 참고로 정적해석 방법에 의해 설계한다. 비슷한 조건을 가진 인접 지반의 말뚝재하시험 결과를 외삽하여 적용할 수도 있다. 말뚝의 지지력은 해석적 방법이나 현장 원위치시험 방법 등으로 산정할 수 있다.

말뚝의 감가된 지지력 Q_R은 다음과 같다.

$$Q_R = \phi\, Q_n = \phi_q Q_{ult}$$

$$Q_R = \phi\, Q_n = \phi_{qp} Q_p + \phi_{qs} Q_s$$

$$Q_p = q_p A_p$$

$$Q_s = q_s A_s$$

나. 설계지지력 산정

① 저항계수 : ϕ = 0.45 ; SPT적용시 (KDS 11 50 10 :2018, 2.5 저항계수 표 2.5-2)

② 연직응력 :

$$\sigma_{v1} = q'H_1 = \gamma'H_1 = (19-10)\frac{1}{2}(0+3.0) = 13.5\,kPa$$

③ N 보정계수

$$N_{corr} = \left[0.77\log_{10}\left(\frac{1.92}{\sigma_v'}\right)\right]N = \left[0.77\log_{10}\left(\frac{1.92}{0.0405}\right)\right]40 = 51.6$$

④ 한계 선단지지력 : $q_l = 0.4 N_{corr} =$ 20.64 MPa

⑤ 극한 선단지지력

$$q_p = \frac{0.038 N_{corr} D_b}{D} = \frac{0.038 \times 51.6 \times 1.0}{0.114} = 17.2\,MPa$$

$$Q_p = q_p A_p = 17.2 \times 0.02137 = 0.367\,MPa = 367\,kN$$

* 그룹효과는 말뚝 간격 3D이상으로 군효율 $\eta=1$

⑥ 극한 주면 마찰저항강도

Layer1 : 극한 마찰저항강도 : N=30, τ =230kPa

Layer2 : 극한 마찰저항강도 : N=40, τ =290kPa

⑦ 극한 주면 마찰력

$$Q_{us1} = R_{fu} = \tau_u \pi D_h L = 230 \times \pi \times 0.165 \times 3.0 = 357.489\,kN$$

$$Q_{us2} = R_{fu} = \tau_u \pi D_h L = 290 \times \pi \times 0.165 \times 3.0 = 450.747\,kN$$

⑧ 설계지지력

$$Q_{ult} = Q_{up} + \sum_{i=2}^{n} Q_{usi} = 367 + 357.489 + 450.747 = 1175.236\,kN$$

$$Q_R = \phi Q_{ult} = 0.45 \times 1175.236 = 528.85\,kN$$

제 9 장   지반-구조물 상호 작용에 대한 상수

9.1 **말뚝의 침하와 수평변위**

9.2 FEM**모델 방법**

제 9 장 지반-구조물 상호 작용에 대한 상수

9.1 말뚝의 침하와 수평변위

9.1.1 설계기준

건축구조 설계기준에서는 다음과 같이 말뚝에 대한 침하와 수평내력에 대하여 정하고 있다.

▶ KDS 41 20 00 : 2019 건축물 기초구조 설계기준

---

4. 설계

4.4 말뚝기초

4.4.3.2 압밀침하

압밀침하의 우려가 있는 말뚝기초에 있어서 4.1.3.2에 따라 하부지반에 따른 압밀침하량을 검토하여 상부구조에 유해한 침하가 발생할 우려가 없는가를 확인하여야 한다.

4.4.3.3 말뚝기초의 침하량

말뚝기초의 침하량 산정에 있어서 지지말뚝의 경우는 그의 선단면을, 마찰말뚝의 경우는 마찰반력의 합력이 작용하는 면을 기초하중의 작용면으로 생각하며, 그 면내에서 하중은 균등하게 분포하는 것으로 볼 수 있다.

4.4.4 말뚝의 수평내력

(1) 수평력을 받는 말뚝에 대하여는 말뚝재료의 응력이 그 허용값을 넘지 않도록 검토하고 또한 말뚝이 전 깊이에 걸쳐 회전 또는 횡이동과 같은 지반의 파괴에 대해서 충분히 안전한가를 확인하여야 한다.
(2) 수평력을 받는 말뚝에 대하여는 그의 변위가 상부구조에 유해한 영향을 미치지 않는가를 확인하여야 한다.

9.1.2 단본 말뚝기초 침하

1) 기본원리

단본 말뚝에 대한 침하는 설계기준에 제시되어 있지 않으며, 그렇더라도 말뚝의 침하에 대한 안정을 검토하여야 한다.

2) 단본 말뚝의 침하 및 변위 원리

말뚝은 지반 속에 묻혀있는 구조물로 그 방법은 2가지가 있다. 지반을 솔리드 요소로 직접 모델링 하는 방법과 지반을 스프링 요소로 환산하여 하는 방법이 있으며, 건축구조에서는 스프링 모델이 쉽고, 안전측 모델이 될 수 있다.

[그림 9.1]에서와 같이 말뚝이 지반 속에 삽입된 경우, 침하에 대해서는 말뚝과 지반사이의 전단저항이 발생하고 선단부에는 압축저항이 발생한다. 횡변위가 발생하는 경우에는 말뚝 횡강성에 의한 저항과 지반이 저항하는 압축 강성이 있으며, 이를 단순 계산에서 산정하기는 어렵다. 유한요소해석을 수행하면 말뚝과 지반사이의 지반반력계수를 산정해 쉽게 산정할 수 있다.

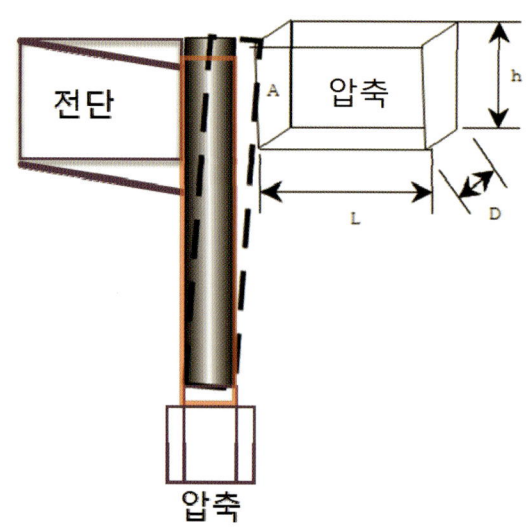

[그림 9.1] 단본말뚝의 변위 원리

[그림 9.2]는 보-기둥(beam-column) 모델을 기반으로 한 수치 해석 모델에 대한 그림이며, 말뚝과 지반 사이의 지반반력 계수 또는 스프링에 대한 모델에 대한 모식도이며, [그림 9.1]과 상호 연관 지어 보면 다음과 같다.

- 말뚝 선단부 압축 : q-z 커브에 의한 압축 스프링
- 말둑 측면부 압축 : p-y 커브에 의한 압축 스프링
- 말뚝 측면부 전단 : t-z 커브에 의한 전단 스프링

붕괴에 대한 원인이나 거동을 연구하는 과정에서는 비선형 해석 조건에 대한 스프링 상수가 필요하지만, 말뚝 설계에서는 선형 조건에서 거동되도록 설계하여야 하기 때문에 설계적 측면에서는 탄성 거동의 스프링 상수를 산정한다.

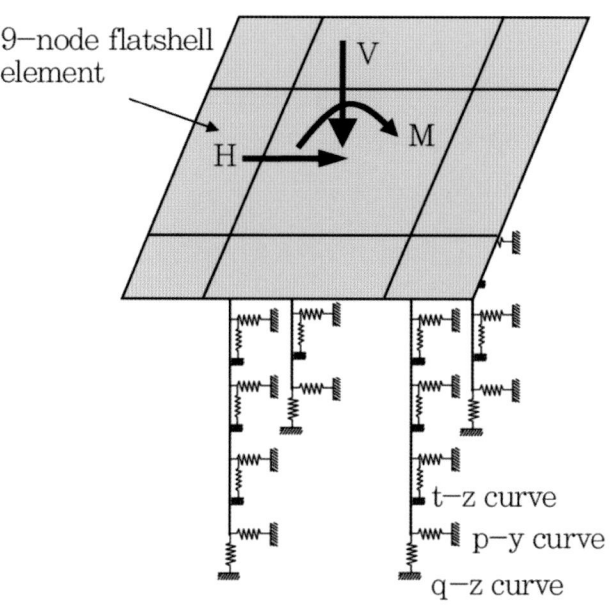

[그림 9.2] 전산해석 프로그램을 통한 말뚝의 횡방향 거동예측(구조물기초설계기준해설, (사)한국지반공학회, 2018.3)

저항하는 지반을 스프링으로 설계하며, 말뚝의 변형이 탄성변위 내에서 거동한다고 가정하면 다음과 같이 산정할 수 있다. 만약 말뚝이 소성거동을 하면 설계 부족이므로 말뚝 본수가 늘어나야 한다. 탄성 범위 내에서 허용 부재력 또는 허용변위 이내이어야 한다.

말뚝 직경이 D인 경우에 말뚝이 변형을 하면서 지반의 탄성범위 내에서 거동한다고 하면, 지반의 영향 범위는 L=2.5D로 가정하고, 폭은 D로 하면 요소길이 h에 대한 수평방향의 지반반력 스프링은 다음과 같이 산정할 수 있다.

① 말뚝 지반 선단부 수직방향 압축 스프링

$$k_z = \frac{E_{ts} A_{ts}}{L_{ts}}$$

여기서, k_z : q-z커프싱의 단성입축 스프링

E_{ts} : 선단부 지반 탄성계수

A_{ts} : 선단부 지반 압축부 환산단면적

L_{ts} : 선단부 지반 압축부 영향깊이

② 말뚝-지반 마찰부 압축방향 압축 스프링

$$k_y = \frac{E_{fs}A_{fs}}{L_{fs}}$$

여기서, k_z : p-y 커브상의 탄성압축 스프링

          E_{fs} : 마찰부 지반 압축 탄성계수

          A_{fs} : 마찰부 지반 압축부 환산단면적

          L_{fs} : 선단부 지반 압축부 영향깊이

③ 말뚝-지반 마찰부 전단방향 전단스프링

L=D인 경우 마찰전단 스프링은 다음과 같다.

$$k_{zy} = G_s \frac{A_{szy}}{L_{szy}} = \frac{E_s}{2(1+v)} \frac{A_{szy}}{L_{szy}} = \frac{E_s}{2(1+v)} \frac{(\pi D_{av} l_i)}{2.5D}$$

여기서, k_z : z-z 커브상의 탄성압축 스프링

          E_{fs} : 마찰부 지반 압축 탄성계수

          A_{fs} : 마찰부 지반 압축부 환산단면적

          L_{fs} : 선단부 지반 압축부 영향깊이

9.1.3 선단부 압축 스프링

지반공학적으로 말뚝 선단부의 저항부의 Q-Z커브는 지반 특성마다 다르며, 공내재하시험 또는 말뚝재하시험을 통하여 산정할 수 있다.

중요도가 높은 건축물에서는 공내재하시험을 이용한 지반반력계수를 산정하고 일반작으로는 다음과 같이 약식 계산한다.

지반을 지반반력계수 산정은 다음식을 산정한다.

$$K = \frac{q}{\delta} \quad (kN/m^3)$$

해석에 적용할때는 다음을 주의하여야 한다. 말뚝에 적용되는 스프링 상수로 입력할 때는 다음과 같이 입력한다.

$$k = K(BW)$$

여기서, k : 유한요소 해석시 스프링상수

          B, W : 요소에 해당하는 지반의 영역 폭, 길이

말뚝주면 지반반력계수 K=12,000kN/m³, D=0.5m, 요소길이 0.6m, 지반 영향 깊이 1.5m인 경우 해석에서 스프링 상수는 다음과 같이 산정한다.

$$k = KBWL_i = 12,000 \times 0.5 \times 0.6 \times L_i = 3600 L_i \text{ (kN/m)}$$

지반반력계수는 간단하게 SPT시험값을 이용하여 다음과 같이 산정한다.

$$K_{0.3} = 1.8N \, (MPa)$$

$$K = K_{0.3} (\frac{B+0.3}{B})^2$$

여기서,　$K_{0.3}$: 0.3×0.3 크기의 지반반력계수

　　　　　K : B×B 크기의 지반반력계수

9.1.4 말뚝 측벽 수평반력계수

말뚝에 작용하는 횡방향 지반반력계수 K_h 는 말뚝이 수평으로 움직인 저항 시스템으로 상당히 복잡한 관계를 가진다. 탄성계수를 이용하여 간략하게 산정하는 방법이 지반공학 분야에서 제시되어 있다.

$$E_0 = 2800N$$

$$K_{h0} = \frac{1}{0.3} \alpha E_0$$

$$K_h = K_{h0} (\frac{1}{0.3} B_H)^{(-3/4)}$$

여기서,　　α : 평상시 1, 지진시 2

　　　　　　B_H : 환산재하폭(말뚝기초의 경우 $B_H = \sqrt{D/\beta}$)

　　　　　　β : 기초의 특성값($\beta = (\frac{K_h D}{4EI})^{1/4}$)

위에서 산정하는 방식에서는 일반적인 식으로 산정이 어려우며, 시산법 또는 다음 식을 이용하여 산정한다.

$$K_H = 1.208 (\alpha E_0)^{1.10} (D)^{-0.310} (EI)^{-0.103}$$

여기서,　　E : 말뚝 탄성계수,　　I : 말뚝 단면2차모멘트

　　　　　PHC : E =39,200MPa

　　　　　강관 : E =210,000MPa

9.1.5 말뚝 주면 마찰 저항 전단스프링

말뚝 주면에서의 전단 스프링은 탄성범위 내에서 Worth(1978)는 다음과 같이 제안하였다.

$$k_{se} = \frac{2\pi G_s l_{pn}}{F_c \ln(D_m/D)}$$

여기서,　k_{se} : 지반 전단강성

　　　　　G_s : 지반의 전단탄성계수($G_s = \dfrac{E_s}{2(1+v)}$)

　　　　　l_{pn} : 말뚝의 절점 간격

　　　　　D_m : 영향 반경(말뚝 최소 간격)

　　　　　F_{cs} : 불확실성 계수 안전율

9.2　FEM모델 방법

9.2.1 하중조건

건축물에 적용된 말뚝기초는 독립기초 이거나 전면기초+말뚝기초인 경우이다. 독립기초인 경우는 기초 매트에 상단에 있는 기둥의 축력, 모멘트, 전단력을 적용하여 말뚝의 안정성을 적용한다.

1) 통매트 기초

통매트 기초인 경우는 기초 매트에 말뚝이 위치하는 지점에 3축에 스프링 경계를 입력한 다음 해석을 수행하여 각각의 스프링에서 산정된 반력에서 상시조건에서의 최대 스프링 반력, 지진시 축력 최대 지점에서의 수평과 수직 반력 스프링 값, 축력 최소 지점에서 수평과 수직 반력 값을 찾아 말뚝 설계시 적용한다.

- 상　시 : R_z
- 지진시 : $P_{\max}$: R_z, R_x, R_y
　　　　　$P_{\min}$: R_z, R_x, R_y

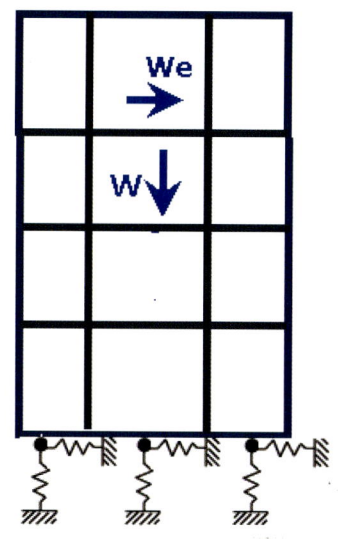

[그림 9.3] 통매트 기초의 하중

2) 독립기초

① 직접기초 하중 입력

건축구조계산서에서 기둥에 산정된 값 중에 다음의 조건의 값을 찾는다.

- 상시 축력 최대 : 기둥의 축력(P), 전단력(H), 모멘트(M)
- 상시 모멘트 최대 : 기둥의 축력(P), 전단력(H), 모멘트(M)
- 지진시 축력 최대 : 기둥의 축력(P), 전단력(H), 모멘트(M)
- 지진시 축력 최소 : 기둥의 축력(P), 전단력(H), 모멘트(M)

시신시 축력 최소일 때 하는 이유는 말뚝에 인상력 발생시 검토조건인 경우를 검토하기 위함이다. 상시조건에 대하여 유한요소해석을 수행하여 말뚝 두부에 발생하는 축력과 전단력을 산정한다.

② FEM을 이용한 말뚝 두부 하중계산

[표 3.1] FEM을 이용한 말뚝 두부 하중

조건	P	M	V	비고
Load Case 1	550	16	5	상시 축력 최대
Load Case 2	350	35	8	상시 모멘트최대
Load Case 3	620	125	95	지진시 축력 최대
Load Case 4	256	126	95	지진시 축력 최소

9.2.2 단일말뚝 모델 방법

1) 상시

① 말뚝 제원 : D=114.0mm, t=9.0mm, 부식두께=2.0mm, STP550, L=9.0m

② 하중 : 500 kN

③ 지반특성 :

- Layer-1 : N=10, Z=2.0m
- Layer-2 : N=30, Z=3.0m
- Layer-3 : N=40, Z=3.0m
- Layer-4 : N=50, Z=1.0m

④ 말뚝 선단부 Kz

$$K_{0.3} = 1.8N = 1.8 \times 50 = 90.0 \text{ MPa}$$

$$B = \sqrt{\frac{\pi D^2}{4}} = 0.101$$

$$K = K_{0.3}(\frac{B+0.3}{B})^2 = 90 \times [(0.101+0.3)/0.101]^2 = 1418.69 \text{ MPa}$$

- 단위 요소길이 및 영향폭

$$k = K(BWL) = 1418.69 \times 0.114 \times 0.114 \times 1.5 \times 0.114 = 3.15178 \text{MPa} = 3151.78 \text{ kN/m}$$

⑤ 말뚝 주면부 수직 K_{ZX}

- Layer-1 : N=10

$$E_0 = 2800N = 2,800 \times 10 = 28,000 \text{ kPa}$$

$$K_{h0} = \frac{1}{0.3}\alpha E_0 = (1/0.3) \times 1.0 \times 28,000 = 93,333.3 \text{ kN/m}^3$$

$$B_H = \sqrt{DL_i} = 0.3376$$

$$K_h = K_{h0}(\frac{1}{0.3}B_H)^{(-3/4)} = 93,333.3 \times [(1/0.3) \times 0.3376]^{(-3/4)} = 85,423.2 \text{ kN/m}^3$$

- 단위 요소길이 및 영향폭

$$k_x = K_x(BWL_i) = 85,423.2 \times 0.114 \times 1.5 \times 0.114 \times L_i = 1665.24 L_i \text{ kN/m}$$

- Layer-2 : N=30

$$E_0 = 2800N = 2,800 \times 30 = 84,000 \text{ kPa}$$

$$K_{h0} = \frac{1}{0.3}\alpha E_0 = (1/0.3) \times 1.0 \times 84,000 = 280,000 \text{ kN/m}^3$$

$$B_H = \sqrt{DL_i} = 0.3376$$

$$K_h = K_{h0}(\frac{1}{0.3}B_H)^{(-3/4)} = 280,000 \times [(1/0.3) \times 0.3376]^{(-3/4)} = 256,270 \text{ kN/m}^3$$

- 단위 요소길이 및 영향폭

$$k_x = K_x(BWL_i) = 256,270 \times 0.114 \times 1.5 \times 0.114 \times L_i = 4,995.73 L_i \text{ kN/m}$$

- Layer-3 : N=40

$$E_0 = 2800N = 2800 \times 40 = 112,000 \text{ kPa}$$

$$K_{h0} = \frac{1}{0.3}\alpha E_0 = (1/0.3) \times 1.0 \times 11,2000 = 373,333 \text{ kN/m}^3$$

$$B_H = \sqrt{DL_i} = 0.3376$$

$$K_h = K_{h0}(\frac{1}{0.3}B_H)^{(-3/4)} = 373,333 \times [(1/0.3) \times 0.3376]^{(-3/4)} = 341,693 \text{ kN/m}^3$$

- 단위 요소길이 및 영향폭

$$k_x = K_x(BWL_i) = 341,693 \times 0.114 \times 1.5 \times 0.114 \times L_i = 6,660.96 L_i \text{ kN/m}$$

- Layer-4 : N=50

$$E_0 = 2800N = 2800 \times 50 = 140,000 \text{ kPa}$$

$$K_{h0} = \frac{1}{0.3}\alpha E_0 = (1/0.3) \times 1.0 \times 140,000 = 466,667 \text{ kN/m}^3$$

$$B_H = \sqrt{DL_i} = 0.3376$$

$$K_h = K_{h0}(\frac{1}{0.3}B_H)^{(-3/4)} = 466,667 \times [(1/0.3) \times 0.3376]^{(-3/4)} = 427,116 \text{ kN/m}^3$$

- 단위 요소길이 및 영향폭

$$k_x = K_x(BWL_i) = 427,116 \times 0.114 \times 1.5 \times 0.114 \times L_i = 8,326.2 L_i \text{ kN/m}$$

⑥ 말뚝 주면부 수평 K_X

- Layer-1 : N=10

    $E_0 = 2800N = 2800 \times 10 = 28,000$ kPa, v=0.33

    $G_s = \dfrac{E_s}{2(1+v)} = 280,00/(2+2\times0.33) = 10,526.3$ kPa

    $k_{se} = \dfrac{2\pi G_s l_{pn}}{F_c \ln(D_m/D)} = \dfrac{2\times\pi\times 10526.3 L_i}{10\times\ln(2.5D/D)} = 7,214.431 L_i$ kPa

- Layer-2 : N=30

    $E_0 = 2800N = 2800\times30 = 84,000$ kPa, v=0.33

    $G_s = \dfrac{E_s}{2(1+v)} = 840,00/(2+2\times0.33) = 31,578.9$ kPa

    $k_{se} = \dfrac{2\pi G_s l_{pn}}{F_c \ln(D_m/D)} = \dfrac{2\times\pi\times 31578.9 L_i}{10\times\ln(2.5D/D)} = 21,643.33 L_i$ kPa

- Layer-3 : N=40

    $E_0 = 2800N = 2800\times10 = 112,000$ kPa, v=0.33

    $G_s = \dfrac{E_s}{2(1+v)} = 112,000/(2+2\times0.33) = 42,105.3$ kPa

    $k_{se} = \dfrac{2\pi G_s l_{pn}}{F_c \ln(D_m/D)} = \dfrac{2\times\pi\times 42105.3 L_i}{10\times\ln(2.5D/D)} = 28,857.77 L_i$ kPa

- Layer-4 : N=50

    $E_0 = 2800N = 2800\times10 = 140,000$ kPa, v=0.33

    $G_s = \dfrac{E_s}{2(1+v)} = 140,000/(2+2\times0.33) = 330,526.3$ kPa

    $k_{se} = \dfrac{2\pi G_s l_{pn}}{F_c \ln(D_m/D)} = \dfrac{2\times\pi\times 330526.3 L_i}{10\times\ln(2.5D/D)} = 36,072.21 L_i$ kPa

⑦ FEM모델

다층 지반 스프링 모델 입력 방법은 다음과 같으며, 앞에서 산정한 스프링 상수는 단위길이에 대한 값으로 요소 길이에 따라 값을 다음과 같이 산정한다.

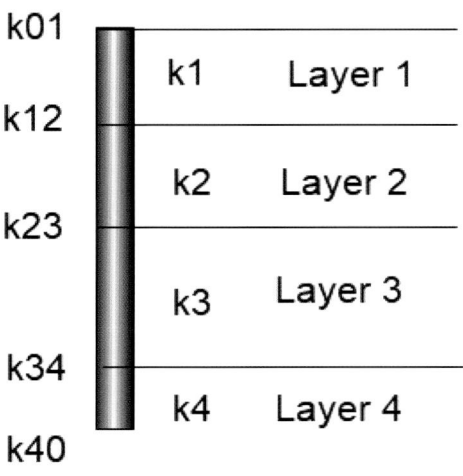

[그림 9.4] 다층 지반 스프링상수

- 같은 지층에 있는 지반 스프링(k1, k2, k3, k4)

요소 길이가 순서로 L_{i-1}, L_i, L_{i+1}이고 양쪽 절점이 S, E로 표시하면 양쪽 절점의 스프링 상수는 다음과 같이 입력한다.

$$k1_S = \frac{1}{2}k1(L_i + L_{i-1}),$$

$$k1_E = \frac{1}{2}k1(L_i + L_{i+1})$$

- 두 개의 층 경계의 스프링은 다음과 같다.

$$k12 = \frac{1}{2}(k1L_i + k2L_{i+1})$$

- 시작점 또는 끝점의 스프링 상수는 다음과 같다.

$$k01 = \frac{1}{2}(k1L_i)$$

$$k40 = \frac{1}{2}(k4L_i)$$

 # 참고문헌

1. 국토교통부. 건축구조물 기초구조 설계기준 (2019), 국가건설기준센터.

2. 국토교통부. 얕은기초 설계기준(한계상태설계법) (2018). 국가건설기준센터.

3. 국토교통부. 깊은기초 설계기준(한계상태설계법) (2018), 국가건설기준센터.

4. 국토교통부. 내진설계기준 (2018), 국가건설기준센터.

5. 한국지반공학회 (2018). 구조물기초설계기준 해설, 씨아이알.

6. 한국지반공학회 (2002). 지반공학 시리즈 4 깊은기초, 구미서관.

7. 이상덕 (1996). 전문가를 위한 기초공학, 도시출판 엔지니어즈.

8. Bowles, J, E. (1999). Foundation Analysis and Design, 3rd ed. McGraw-Hill, New York.

9. Das, B. M. (1999). Principles of Foundation Engineering, PWS, MA.

10. Das, B. M. (1983). Advanced Soil Mechanics, McGraw-Hill, New York.

11. http://blog.daum.net/hwawoo/201

12. https://t1.daumcdn.net/cfile/blog/1766CF344D7D7B4D1A

13. http://news.kmib.co.kr/article/view.asp?arcid=0923053506

14. http://blog.naver.com/PostView.nhn?blogId=isolators&logNo=220817133137&redirect=Dlog&widgetTypeCall=true

건축물 기초 공법 선정 참조 도표

지지 지반	지층 설계 조건		2층	3층 ~5층	7층 ~10층	10층 ~15층	15층 ~35층	35층 이상
	연약층 깊이(m)	지배요소						
연암	0.0	지내력	①	①	①	①	①	①
	3.0	지내력,침하	③	③-1	③-1-0,⑤	⑤	⑤	⑥,⑦,⑧,⑨
	6.0	침하	③	③-1	③-1-0,⑤	④	⑤,⑥,⑦	⑥,⑦,⑧,⑨
	9.0	침하	③	③-1-0	③-1-0	④	⑥,⑦	⑥,⑦,⑧,⑨
풍화암	0.0	지내력	①	①	①	⑤	⑤	⑥,⑦,⑧,⑨
	3.0	지내력,침하	③	③-1	③-1-0,⑤	⑤	⑤	⑥,⑦,⑧,⑨
	6.0	침하	③	③-1	③-1-0,⑤	④,⑤	⑤,⑥,⑦	⑥,⑦,⑧,⑨
	9.0	침하	③	③-1-0	③-1-0	④	⑥,⑦	⑥,⑦,⑧,⑨
N=50	0.0	지내력	①	①,⑤	⑤	⑤	⑤	⑥,⑦,⑧,⑨
	3.0	지내력,침하	③	③-1,⑤	③-1-0,⑤	⑤	⑤	⑥,⑦,⑧,⑨
	6.0	침하	③	③-1,⑤	③-1-0,⑤	④,⑤	⑤,⑥,⑦	⑥,⑦,⑧,⑨
	9.0	침하	③	③-1-0	③-1-0	④	⑥,⑦	⑥,⑦,⑧,⑨
N=40	0.0	지내력	①	①,⑤	⑤	⑤	⑤	⑥,⑦,⑧,⑨
	3.0	지내력,침하	③	③-1,⑤	③-1-0,⑤	⑤	⑤	⑥,⑦,⑧,⑨
	6.0	침하	③	③-1,⑤	③-1-0,⑤	④,⑤	⑤,⑥,⑦	⑥,⑦,⑧,⑨
	9.0	침하	③	③-1-0	③-1-0	④	⑥,⑦	⑥,⑦,⑧,⑨
N=30	0.0	지내력	①	⑤	③-2-0,⑤	⑤	⑤	⑥,⑦,⑧,⑨
	3.0	지내력,침하	③	③-2,⑤	③-2-0,⑤	⑤	⑤	⑥,⑦,⑧,⑨
	6.0	침하	③	③-2,⑤	③-2-0,⑤	④,⑤	⑤,⑥,⑦	⑥,⑦,⑧,⑨
	9.0	침하	③	③-2-0	③-2-0	④	⑥,⑦	⑥,⑦,⑧,⑨
N=20	0.0	침하	②	②,⑤	③-2-0,⑤	⑤	⑤	⑥,⑦,⑧,⑨
	3.0	침하	③	③-2,⑤	③-2-0,⑤	⑤	⑤	⑥,⑦,⑧,⑨
	6.0	침하	③	③-2,⑤	③-2-0,⑤	④,⑤	⑤,⑥,⑦	⑥,⑦,⑧,⑨
	9.0	침하	③	③-2-0	③-2-0	④	⑥,⑦	⑥,⑦,⑧,⑨
N=10	0.0	침하	②	②,⑤	③-2-0,⑤	⑤	⑤	⑥,⑦,⑧,⑨
	3.0	침하	③	③-2,⑤	③-2-0,⑤	⑤	⑤	⑥,⑦,⑧,⑨
	6.0	침하	③	③-2,⑤	③-2-0,⑤	④,⑤	⑤,⑥,⑦	⑥,⑦,⑧,⑨
	9.0	침하	③	③-2-0	③-2-0	④	⑥,⑦	⑥,⑦,⑧,⑨

① 직접기초　　　　　　　　　　　　② 직접기초 + 잡석치환(팽이기초)
③ 소구경말뚝(마이크로, 헬리컬, 스레드바) (천공방식③-1, 헬리컬방식③-2, 상부보강③-0)
④ PHC(D500, D600) P=900kN, V=50kN　　⑤ 삼축내진말뚝(길이 3m,6m,9m) P=1250kN, V=250kN
⑥ 내진PHC(D500,D600) P=2000kN, V=200kN　⑦ 강관말뚝(D508, t=9, 12) P=1000kN, V=100kN
⑧ 직경 1000이상 PHC, 강관　　　　　　⑨ 케이슨 등 특수 공법
● 본 도표는 설계시 참조용으로 상세검토는 구조기준(KDS) 지지력계산과 부재력계산을 따라야 함.

INDEX

(ㄱ)

간이계산법　87
강도설계법 적용시　104
강성　9
건축물 기초구조 설계기준　65
건축물의 중요도 결정　96
경사각　87
고유주기　15, 44, 101
국토교통부령　7
극한주면마찰력　165
극한지지력　15
근입효과　58
기성말뚝　29
기초 접지압　104
기초깊이　16, 60
기초의 변형각　87
기초판 설계　17, 87

(ㄴ)

내구성　9
내구성을　8
내진구조계획　9
내진대책　7

(ㄷ)

내진설계기준　3
내진설계범주　49

(ㄷ)

단면설계　61
단일말뚝의 침하량　87
독립기초　24
등가정적해석법　14

(ㅁ)

마모훼손　9
마찰 저항 전단스프링　178
마찰저항　16, 61
말뚝 두부 하중 산정　139
말뚝 설계 절차 73
말뚝 지지력 검토　128
말뚝-지반계　87
말뚝기초　3, 27
말뚝기초의 내진해석　87
말뚝에 발생하는 부재력 산정　123
말뚝의 침하　16

매트기초　　　24
무리말뚝 계산　126
무리말뚝의 즉시침하량 87
문헌에 의한 허용지내력　　106
미끄럼방지 돌기　　16, 61
밑면전단력　　14

(ㅂ)

반응수정계수　　15, 44, 101
반응수정계수　　49
법령　7
변위증폭계수　　49
변형　9
병용기초　　26
병용기초(Piled Raft Foundation) 95
보강매트 기초　25
부식　9
비콤팩트단면　　90
비틀림좌굴　　90

(ㅅ)

사용성　8, 9, 15
사용한계상태의 변위와 지지력 128
삼축내진말뚝　34
삼축내진말뚝 설계절차 137
상부구조　　15
상세계산법　　87
선단부 압축 스프링　　176
선단지지력　　89, 166

설계스펙트럼 가속도　100
설계스펙트럼가속도　15, 44, 101
설계지진토압　　13
성능목표　　10
세장비　90
소구경 말뚝　163
소구경 말뚝(Micro Pile) 29
소구경말뚝(micropile)　21
수동저항　　16, 61
수평반력계수　　177
수평변위에 대한 기준　75
수평지진력　153
시스템초과강도계수　　49

(ㅇ)

안전성　8, 15
안전성, 8
암반지지 말뚝　85, 132
압밀침하　　86, 112
압밀침하량　86
압축강도　　90
액상화 영향　87
연면적이 200제곱미터　7
연약점성토층　86
연약지반　　21
연직방향성분　66, 113, 153
연직재하시험　87
위험도 계수　98
유효좌굴길이　90
유효지반가속도 97

INDEX

인발력　87
인성　　9

(ㅈ)

장기허용지지력　58
접지압　16, 58, 61
접지압 분포　　147
좌굴길이계수　　141
주입압　164
줄기초　26
중간모래층　　86
중요도(1)　　8
중요도(2)　　8
중요도(3)　　8
중요도(특)　　8
중요도계수　　15, 44, 96, 101
즉시침하량　　86
지반 보강형 병용기초
(Piled Raft Foundation)　31
지반 증폭계수　99
지반/말뚝 복합체　　163
지반개량　　61
지반반력 계수　174
지반의 허용지지력　　58
지반승쪽계수의 모성　11
지역계수　　97
지중응력　　86
지지력　167
지지력계수　　58
지진력저항시스템　　53

지층을 고려한 상세 침하 검토　153
지진시 하중분포　　113
지진응답계수　14, 101
지진토압　　54
지하구조물　12, 53
지하구조의 내진설계　11
직접기초　　3
직접기초+말뚝기초
(Piled Raft Foundation)　145
직접기초의 내진설계　66
진동　　9

(ㅊ)

최대접지압　58
층수가 2층　7
치수효과　58
침하　167
침하검토　16
침하해석　87

(ㅋ)

콤팩트　90

(ㅌ)

탄성계수　67
탄성비틀림좌굴응력　91
탄성휨-비틀림좌굴응력　91
통매트 기초　122

(ㅍ)

편심하중　　　62, 104
평판재하시험　58, 67
표준관입시험값 82
푸아송비　　　67

(ㅎ)

하중조합　　　55
한계상태설계　15
허용지내력　　16, 22, 58
허용지지력　　64
허용침하량　　16, 23, 58
현장재하시험　58
활동저항　　　16, 61
횡변위　57
휨-비틀림좌굴　90, 91
휨좌굴　90

저자소개」

저자 안성율　　한양사이버대학교 디지털 건축공학과 재학
　　　　　　　(주)에스와이텍 지하구조와 터널 연구소 소장
　　　　　　　지하구조 및 터널공학 박사

감수 이강주　　창원대학교 건축학과 교수
　　　　　　　(주)에스와이텍 지하구조와 터널 기술고문
　　　　　　　서울대학교 공학박사

변경된 구조기준에 최적화된 건축기초 내진설계 매뉴얼

초　판　인　쇄　|　2021년 3월 5일
초　판　발　행　|　2021년 3월 5일

저　　　　　자　|　안 성 율
발　　행　　인　|　정 재 호
발　　행　　처　|　(주)에스와이텍
편 집 및 기 획　|　장 재 원
표 지 디 자 인　|　채 민 정

주　　　　　소　|　서울특별시 성북구 안암로 145 고려대학교 미래기술육성센타 603-4호
출　판　등　록　|　2003년 7월 15일 제 2015-000010호
전　화　번　호　|　02-3437-6423
팩　　　　　스　|　02-6442-4200
E - m a i l　|　syahn@sytec.co.kr
홈　페　이　지　|　http://www.sytec.co.kr/ | http://taspile.com/ | http://spile.kr/ |

ISBN | 978-89-954253-6-7　93540

값 25,000

ⓒ 2021 Ahn, Sung-Yool

· 잘못된 책은 바꾸어 드립니다.
· 이 책의 판권 소유는 (주)에스와이텍에 있습니다.
· 이 책에 실린 모든 내용에 대한 무단전재와 무단복제를 금합니다.